U0229565

极品荟萃丛书

Best of the Best

世界奢华珠宝

马家叙 主编

上海科学技术出版社

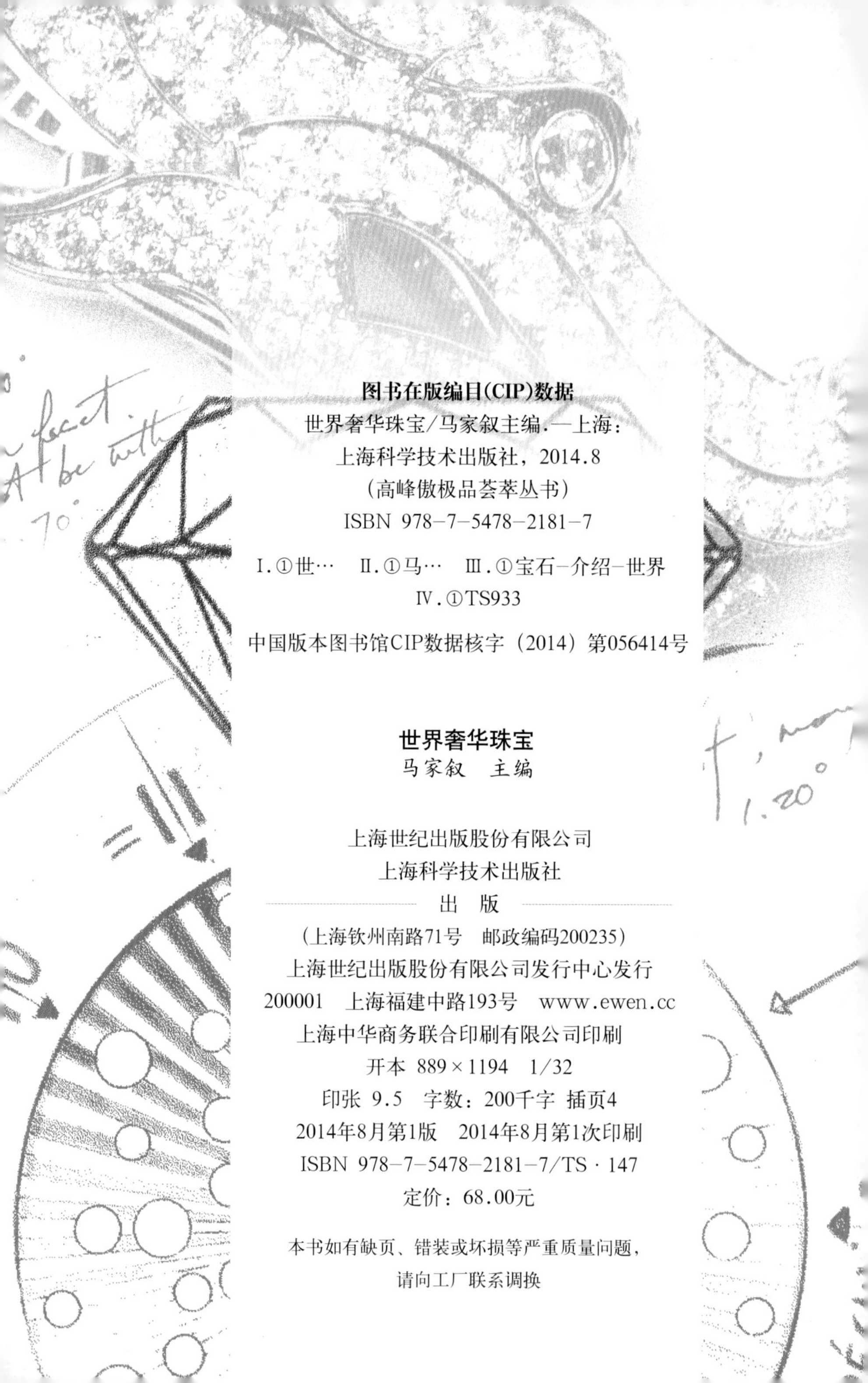

图书在版编目(CIP)数据

世界奢华珠宝/马家叙主编.—上海：
上海科学技术出版社，2014.8
（高峰傲极品荟萃丛书）
ISBN 978-7-5478-2181-7

Ⅰ.①世…　Ⅱ.①马…　Ⅲ.①宝石-介绍-世界
Ⅳ.①TS933

中国版本图书馆CIP数据核字（2014）第056414号

世界奢华珠宝

马家叙　主编

上海世纪出版股份有限公司
上海科学技术出版社
出　版
（上海钦州南路71号　邮政编码200235）
上海世纪出版股份有限公司发行中心发行
200001　上海福建中路193号　www.ewen.cc
上海中华商务联合印刷有限公司印刷
开本 889×1194　1/32
印张 9.5　字数：200千字　插页4
2014年8月第1版　2014年8月第1次印刷
ISBN 978-7-5478-2181-7/TS · 147
定价：68.00元

鸣谢
香港富讯有限公司
上海逸嘉广告有限公司
（ www.高峰傲.com ）。

目录

珠宝情缘

宝格丽 (Bvlgari) 古董 Tubogas 18K 双色金项圈，6 排金圈上装饰着 3 枚古董银币

莎士比亚说，“珠宝沉默不语，却比任何语言都更能打动女人的心。”男人好权力，女人爱珠宝，几乎是一种共识，于是乎，英雄佩宝剑；珠宝、红粉归佳人。究竟什么样的宝石可以称为珠宝？我们一般习惯将金银等金属之外的天然材料（矿物、岩石、生物等）制成的，具有一定价值的首饰、工艺品或其他珍藏统称为珠宝，故有“金银珠宝”的说法，经营这些物品的商店也统称为“珠宝行”。

科学地说，“珠宝”与广义的“宝石”概念是相同的。广义的宝石泛指那些适宜进行琢磨或雕刻加工为首饰或工艺品的原料。宝石，必须具备以下几个特点。

“美”，即艳丽晶莹，光彩夺目。宝石如果不美就不能成为宝石，这种美或表现为绚丽的颜色，或表现为透明而洁净，或具特殊的光学效应（如猫眼、变彩、夜光等现象），或具特殊的图案（如菊花石、玛瑙、梅花玉等）。例如同为金刚石，透明少瑕者可用来琢磨成名贵的钻石，而透明度差、多瑕、色黑者则只能用作工业原料。

“久”，即质地坚硬耐磨，能够经久不变。由于宝石的价格高，人们必然期望它能够经久耐用，可保值甚至成为世袭的物品。钻石之所以成为最昂贵的宝石，其中一个原因就是它是世界上最硬、又不怕腐蚀的宝石，故世上价格较高的宝石多为一些硬度大、耐腐蚀的硅酸盐矿物（如翡翠）、少数氧化物（如红宝石、蓝宝石）以及单质矿物（如钻石），而质软、易受腐蚀的宝石，如岫玉、南方玉等，本身价值较低，常用于制作工艺品，以工取胜；但也有少数宝石不在此列，如欧泊、珍珠。

“稀”，即产量少。物以稀为贵，世上极为稀少的祖母绿宝石，上等质量者每克拉价值上万美元，而某些颇美丽又可耐“久”的宝石，如紫晶，由于产量较多，开采较容易，其价格一直较低。某些常

左图
烫红的卡地亚 (Cartier) 龙手镯

右图
宝诗龙（Boucheron）疯狂丛林系列的大象腕表表盘

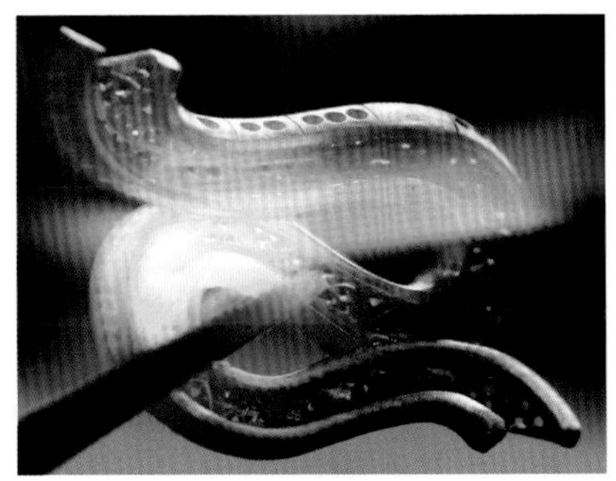

见的岩石，经琢磨后也具美观耐久的特点，但却不能成为宝石大家庭中的一员，其原因就是物易得必贱。

韵如幽兰、艳如玫瑰、娇如蔷薇、贵如牡丹、清如马蹄莲……珠宝有千姿百态，女人有风情万种，女人与珠宝，向来有着不解的情缘。16 世纪末，一个叫吉恩·罗宾的法国人在巴黎建立了一个温室，种植了各种各样的植物，然后邀请了一群纺织品设计师去他的花园温室，因为他相信这些人可以依据花草优美的自然形态画出动人的图画来。这一无意间的举动开创了以花卉图案为基调的时尚风气，很多花朵都被运用到设计图案中，甚至连蔬菜都曾受到过短暂的青睐。当这一时尚流行至极盛的时候，花的倩影无处不在，珠宝首饰设计当然也像其他的艺术形式一样，开始竭尽全力地追随这一风尚。到 18 世纪末期，古典主义盛行，那时珠宝设计师们深知人们对花朵的热爱，于是花花草草的题材被大量运用在珠宝的创作之中。兴起于古典主义之后的浪漫主义，赋予了花形珠宝各种象征意义。它们绽放出前所未有的光彩。

左图
萧邦 (Chopard) 历史上珍贵的珠宝腕表展示

右图
在技师手中调校的玳美雅 (Damiani) 腕表表盘

克里斯汀·迪奥 (Christian Dior) 的红玫瑰珠宝

1919 年制造的尚美 (Chaumet) 波旁帕尔马皇冠到如今已见证了世间近 200 年的变迁

珠宝商疯狂地痴迷于花朵，几乎毫无例外地采用了花型的设计，连王冠上都被“种”上了“鲜花”，造型有代表富饶和力量的橡树叶，有表达对于永恒渴望的勿忘我（一种花卉名），还有象征自由爱情的蔷薇或野玫瑰。法国皇后尤金妮和路易十六皇后玛丽·安东尼都是大自然风格的玫瑰胸针的推崇者。

童话中走出的珠宝，着实迷人。看着我们在本书中介绍到的这一系列珠宝，你是否觉得自己已置身于爱丽丝的梦幻花园呢？这里面的珠宝包括了格拉夫（Graff）“花卉系列”铂金多形白钻花形襟针、万宝龙（Montblanc）浪漫玫瑰高级珠宝项链，以及宝格丽（Bvlgari）的蓝宝石花等，每一款都是艺术的杰作。宝格丽的蓝宝石花，虽然只有简单的五个花瓣，却呈现出蓝宝石丰富的色彩和层次；万宝龙用钻石打造的三只玫瑰，用钻石蝴蝶结将它们轻轻环绕；而同样是玫瑰，海瑞·温斯顿（Harry winston）则用明媚的红宝石镶嵌而成；伯爵（Piaget）给出的作品是娇美可人的樱花，它们被闪烁的常春藤蜿蜒缠绕，一股清新的气息静静蔓延；而格拉夫用黄钻镶嵌出了太阳般灿烂的花朵，给人一种开朗的力量。每种花都有不同的花语，寻找它不同的主人。

伯爵作为世界著名的珠宝制造商，在设计理念上更符合亚洲人的风格。自然，纯真，喜悦，激情等元素在伯爵珠宝大师的手下，幻化成瑰丽多姿的珠宝，并令其包含的感情更加丰富多彩。其中，Limelight Garden Party 系列与 Limelight Paradise 系列，更能表达新娘的喜悦与幸福，更能流露新娘高贵自然的气质，是伯爵作品中不可多得的浪漫瑰宝。这款来自伯爵 Limelight Garden Party 系列的项链，镶衬着不同造型的碧玺、圆形粉红色蓝宝石、白珍珠、花朵型白玉髓以及奢华铺满的圆形美钻，令爱化作浪漫樱花雨，绽放在新娘柔美的颈间。其巧夺天工的镶嵌工艺，更是令颇具东方魅力的樱花如梦似幻，清新自然而又极尽奢华。

梵克雅宝以其经典的 Fleurette 小花形象为灵感的 Flowerlace 系列，一经问世便成为梵克雅宝 Fleurette 珠宝系列中备受瞩目的力作。Flowerlace 系列是自然与时尚的完美结合，颗颗美钻将一朵朵娇艳的花朵演绎成闪耀的明星。其网状设计的钻石花瓣以及绢丝的构造，轻巧地展现出花朵的不同美

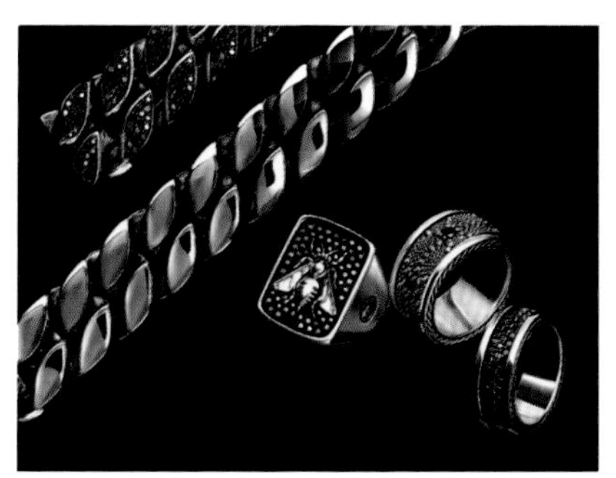

左图
大卫·雅曼 (David Yurman) 的蜜蜂戒指

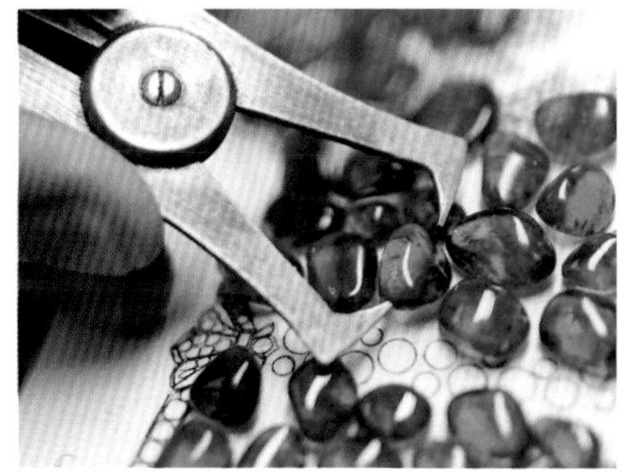

右图
梵克雅宝 (Van Cleef & Arpels) 的设计师在精心挑选绿宝石

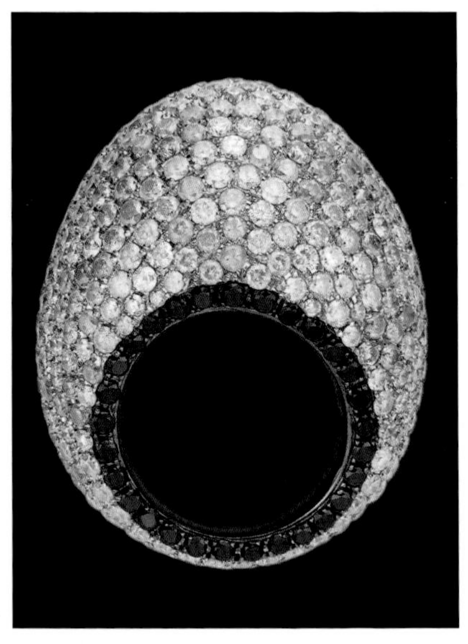

左图
德·克里斯可诺(De Grisogono)的设计师在做珠宝耳坠设计

右图
景福 (King Fook) 的珠宝犹如银河系般璀璨靓丽

态。白金材质与耀目美钻形成巧妙的透光效果，彰显出设计师的独特匠心。闪亮的钻石花瓣令人爱不释手，优雅的外形使人过目难忘。

在高级珠宝的历史上，除了花卉，爬藤、珍禽等自然元素也一直是设计师们难以抗拒的缪斯。被誉为宝石诗人的让·史隆伯杰 (Jean Schlumberger) 曾经感叹:"自然才是最好的珠宝设计师。"他为蒂芙尼 (Tiffany & Co.) 设计了一款集合世界各地 16 颗彩色宝石的茉莉花项链，于缤纷绚烂中呈现清新可爱的美感。一直致力于捕捉大自然之美的梵克雅宝，早在 1968 年就推出了其品牌代表作幸运草系列，简单利落的四片叶子，表现出生机与脆弱如何和谐共存的自然哲学。曾经在日内瓦国际高级钟表展上，伯爵的高级珠宝腕表系列 Limelight Garden Party 以花园派对为主题，集中呈现了丰富的自然元素：娇美可人的玉髓樱花在镶有钻石及珍珠的枝头

蒂芙尼 (Tiffany & Co.) 吊坠

绽放，满镶钻石的树枝上缠绕着常春藤叶，祖母绿宝石如藤蔓一样轻轻簇拥着手指。其中一只 18K 白金指环，描摹出小鸟停在花间小憩的悠闲姿态。整个指环镶嵌有 359 颗圆形美钻、16 颗梨形切割祖母绿宝石与 8 颗圆形切割粉色蓝宝石，以花卉与叶片的形状，围绕着珍稀的单颗枕形切割红碧玺，呈现高级珠宝作品低调奢华的魅力。

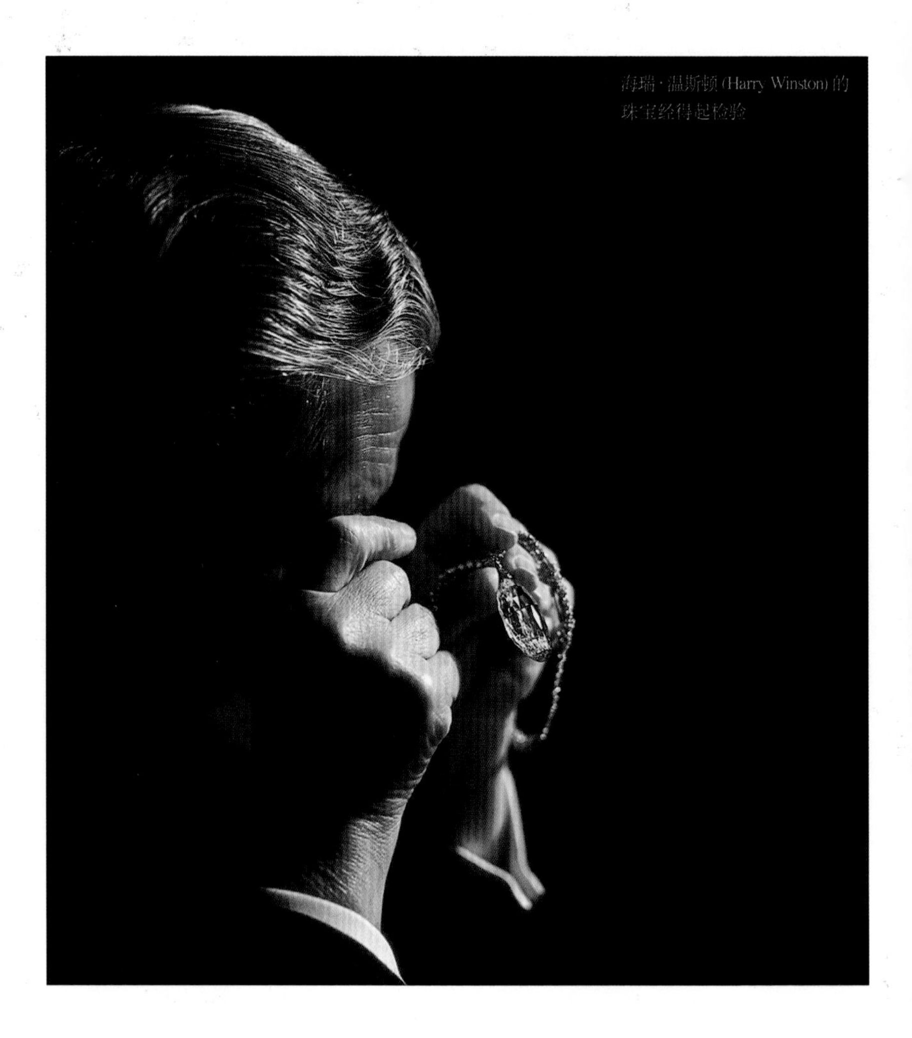

海瑞·温斯顿 (Harry Winston) 的珠宝经得起检验

伯爵 (Piaget) Possession Celebration 系列纪念戒指

碧玺是世界上最为贵重的宝石之一，天然色彩多达 800 多种，而能够运用在珠宝制作上的仅有 50 多种。其中较为珍稀的包括红碧玺、绿碧玺以及红绿双色的西瓜碧玺。拥有世界上顶级西瓜碧玺矿石以及“碧玺之王”帕拉依巴碧玺的 Enzo，拥有由多种颜色组合而成的彩虹碧玺项链与耳环。精选的顶级碧玺经过独特的卡谱尚切割工艺打磨，以花卉、丝带、藤蔓交织的方式镶嵌而成。彩虹碧玺项链上的多颗珍稀碧玺宝石，从玫瑰、正红、橙黄、赭黄、浅绿、墨绿到神秘的深蓝色，自然而然地相拥在一起，让佩戴者成为花园派对中最光彩夺目的主角。在星光熠熠的红地毯上，华丽的礼服与高贵的珠宝一向是最亲密的伙伴，融入自然元素的高级珠宝在各大电影节与国际盛会上频频出现，其璀璨光彩并不亚于作为主角的高级定制时装。

古驰 (Gucci) 的 Icon Twirl 吊坠，重现经典双 G 图案魅力

第 64 届戛纳电影节上，范冰冰曾以一袭范思哲 (Atelier Versace) 2011 春夏紫色渐变高级定制礼服搭配卡地亚 (Cartier) 奢华珠宝亮相。卡地亚设计师将柳叶飘荡的自然形态融入耳环的巧思，为整个造型锦上添花。

相比卡地亚带来的抽象主义设计，克里斯汀·迪奥 (Christian Dior) 高档珠宝的设计师 Victoire de Castellane 则更倾向于运用彩色宝石描摹栩栩如生的花卉：“设计这一系列时，我的灵感大多来源于克

里斯汀·迪奥先生最爱的玫瑰，也同时象征着那些穿着非凡礼服参加舞会的优雅女士。”正如设计师本人所说，该系列堪称是高级定制女装与高档珠宝的完美结合，玫瑰花瓣仿佛由精致柔软的绸缎面料打造而成，环绕着它们的宝石也如华美刺绣般点缀着花瓣，打造出“花仙子”的娇艳造型。此外，在迪奥的 Bois de Rose 爱情系列珠宝当中，也将玫瑰花、珍稀宝石与十八世纪风格的高级时装沙龙的氛围融合在一起；而以 Précieuses Rose 系列为代表的奢华首饰，设计灵感正是来自巴黎以玫瑰花丛著称的公园 Bagatelle Park，令人联想到花园中产生的浪漫爱情。

凭借超群的创意理念和无与伦比的创新能力，珠宝业的未来将仍然会一片大好而永不过时。相信通过阅读这本书，您定将能领略到一种全新、独特而又充满丰富色彩的珠宝产业特征，请慢慢享受吧。

戴比尔斯 (De Beers) 的珠宝设计图纸

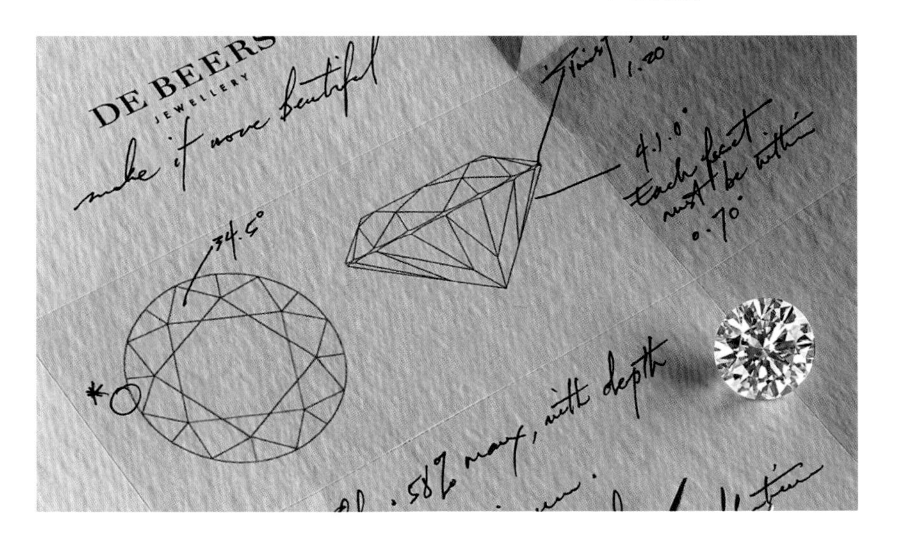

宝诗龙
BOUCHERON

法国珠宝传奇

在法国高级珠宝的斑斓世界中，Boucheron(宝诗龙)公司一贯秉持严谨的态度，堪称传奇。1858年，年仅28岁的设计师Frederic Boucheron(费德列克·宝诗龙)成立了这个品牌，他具有能准确定义当今珠宝潮流的敏锐眼光。在他看来，珠宝不仅是诱人感观的宝石与贵金属的完美结合，它还能超越奢华本身。他在巴黎最时尚的皇家宫殿区开设精品店，设计了许多贵重的珠宝首饰、腕表和香水。

费德列克的最大创举是雕刻钻石。他在1900年重新掌握了这一堪称非凡的技艺。无论是1878年著名的麦凯钻石项链（Mackay Diamond），还是2004年的拉达项链（Radha Necklace），在珠宝制作

1893年，宝诗龙迁往巴黎的凡顿广场，成为首先在此地开业的珠宝品牌之一

宝诗龙为伊朗公主 Soraya 设计的王冠。宝诗龙的作品曾深受英国、保加利亚和埃及皇室的青睐

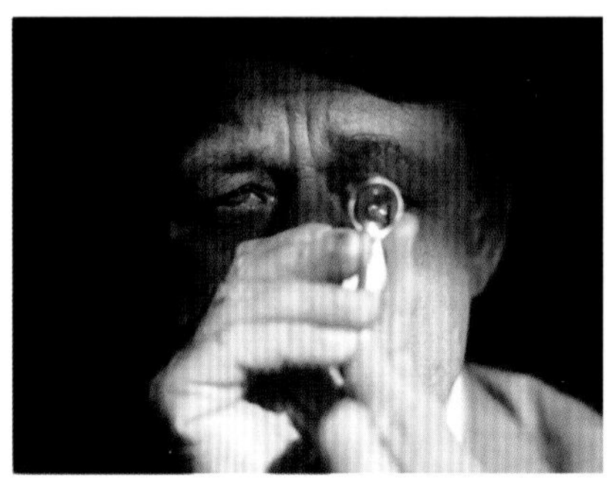

左图
继承父业的 Thierry Robert 成为宝诗龙的大师级宝石专家

右图
Frederic Boucheron 的最大创举是雕刻钻石

上，都如同演奏家一样，呈现出完美表现。宝诗龙的每件作品之所以享有无可比拟的声望，是因为有独特的想法、华丽的色彩、细腻的纹理和考究的用料。搪瓷和水晶是宝诗龙原料中不可或缺的，豹纹木也同样重要。

创始人费德列克于 1902 年去世。他的儿子路易·宝诗龙继承了家族事业，并成功在纽约和伦敦等地建立了分店。20 世纪中叶，第三代接班人杰拉德·宝诗龙在南美洲、北美洲和中东各地举办了一系列的展览，大大提高了品牌的知名度。经过他的不断努力，公司继续向海外拓展业务，向世界展现最迷人的珠宝。1971 年杰拉德之子阿兰·宝诗龙接掌家族事业，将宝诗龙的精品店开到日本，被日本人称为“世界上最好的装饰家”。

家族四代人都精心呵护着品牌的精神内涵，令品牌坚持着独特的传统内涵，在国际上成为大胆奢华的现代珠宝首饰的代名词。宝诗龙声誉日盛，乃因大部分珠宝设计创意均采用大自然元素作为品牌的灵感源泉。宝诗龙家族的费德列克品牌自创立起，珍贵动物造型便运用于一系列经典杰作中，如大象、蛇、青蛙、变色龙、蜻蜓、猫头鹰、鸟、猫等，使作品更加夺人心魄。宝诗龙凭借富有想像力的新款动物造型，扩展其奢华的动物寓言集，之后，其“奢侈动物寓言集”珠宝系列也不断发展壮大。

正因如此，今天它已成为满足爱宝人好奇心的杰作，给人们带来欢愉。设计者们善于运用顶级宝石和精湛的手艺，提升自然美感之道。

历年来最能够代表宝诗龙的徽记，便是自然界最傲然独立也最完美的生物之一，蛇。同时，在品牌的杰作中，也常见纤细的花朵、闪烁的雨滴、喷溅的浪花，或是颤抖欲坠的树叶，早期这种对自然之美的热情迄今持续不歇。

在品牌的巴黎旗舰总店六楼，制图师、切割师、镶嵌师、金匠、银匠等，均悉心尽力将人间的优雅幻化成独特精美的珠宝艺术。他们竭尽所长，造出复杂精致的艺术品。宝诗龙聘用的大师艺匠，很多都终身服务于此，有些职务甚至父子相传，承袭工艺精髓，坚持最高质量。正如蒂埃里·罗伯特继承了他父亲皮埃尔·罗伯特的技艺，成为宝诗龙的大师级宝石专家，27 年来他为宝诗龙搜罗挑选全世界最优质的宝石。1893 年，宝诗龙迁往巴黎的凡登广

宝诗龙的工匠们运用顶级宝石和精湛的手艺呈现精美的珠宝艺术

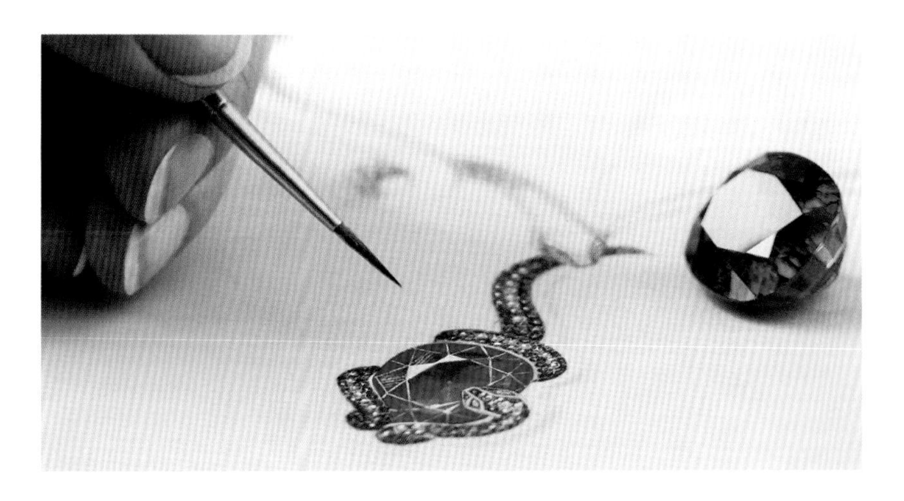

Trouble Desir 系列钻石套装，设计师对自然之美的热情迄今持续不歇

场，成为首先在此地开业的珠宝品牌之一，店址所在的广场 26 号，曾是法兰西第二帝国名媛卡斯蒂利欧（Castiglione）伯爵夫人的宅邸。1910 年，宝诗龙的艺匠均移至巴黎凡登广场 26 号的顶楼工作。这批艺匠名气极大，他们在正式担任艺匠前，须经至少 12 年的学徒训练。

宝诗龙凭借对宝石的热情和精细的打磨工艺，在高级珠宝商中独放异彩。150 年多来，宝诗龙一直处在珠宝制造的前沿地位，练就了无与伦比的技艺，打造工艺的灵魂来源于对宝石本身的热情，独特之处在于对每件珠宝艺术佳作的灵感。然而，有了宝石只是第一步，宝诗龙更精于点缀石头的自然之美。无论是切割还是雕刻，宝诗龙的珠宝匠们揭开石料的奥秘的同时，还发现了隐藏在宝石内部的诸多完美之处。

路易·宝诗龙曾尝试用珊瑚和新奇的原料相互搭配，包括：玛瑙、青金石和玉。作品以华丽、大胆和出人意料而著称，宝诗龙永远能带来惊喜。宝诗龙的艺术家们从折中主义思想中获得灵感，并以此来诠释他们身边一切美的元素。装饰艺术、新艺术和象征主义都给予他们巨大影响。受亚洲艺术的影响，宝诗龙于1877年打造了第一件日式风格作品，影响一直持续至今；2005年，宝诗龙为表达对中国的敬意，打造了钻石和红宝石上海项链。

Serpent Bohème系列黄金链环手链展现了象征永恒的守护动物——蛇

大自然是宝诗龙作品永恒的主题，汇集了大量青蛙、蛇、变色龙和蜻蜓，鸟类与猫的形态。对花朵的奇想，水波的涌动，雨点落下溅起的雨滴，都是宝诗龙灵感的来源。这些想法和材料在宝诗龙的工匠手中得以现实化。在精品店六楼车间内，宝诗龙工匠们努力实现那些看似毫不费力的设想：用金丝编织的围巾与布鲁日花边（Bruges lace）一样轻；细螺纹钻石铂丝，好像能浮在空气中一样；一个华丽的问号随意地弯曲在颈部周围。最后的惊喜是费德列克·宝诗龙设计的隐形扣，隐藏在结构内部。虽然只是一个简单的想法，但符合品牌精巧的隐匿特质。这只是宝诗龙作品魔力的冰山一角，宝诗龙一遍又一遍地成全幻梦，创造惊喜。2008 年，宝诗龙在创立 150 年之际，特别设计了“150 周年纪念高级珠宝”系列，并命名为“Enchanting Boucheron”，寓意为宝诗龙 150 年来迷倒无数女性。这个高级珠宝系列以七大主题为灵感。

宝诗龙胸针，将蛇造型运用在一系列经典珠宝设计中

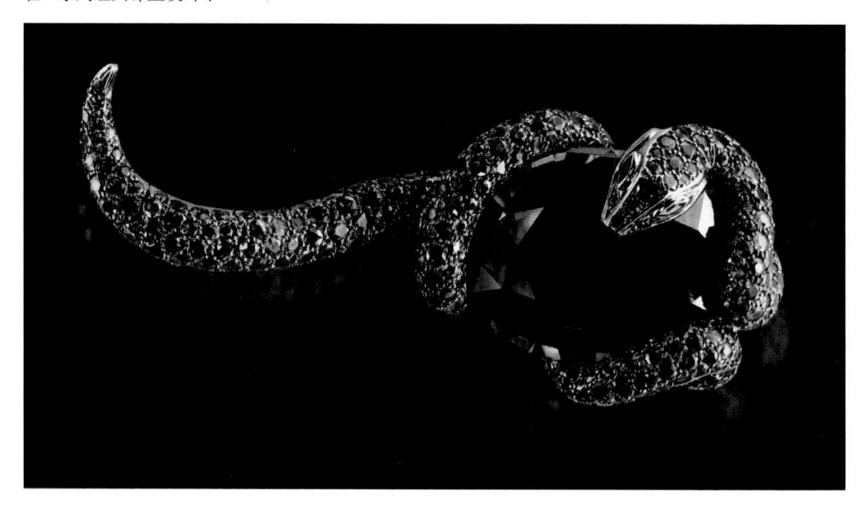

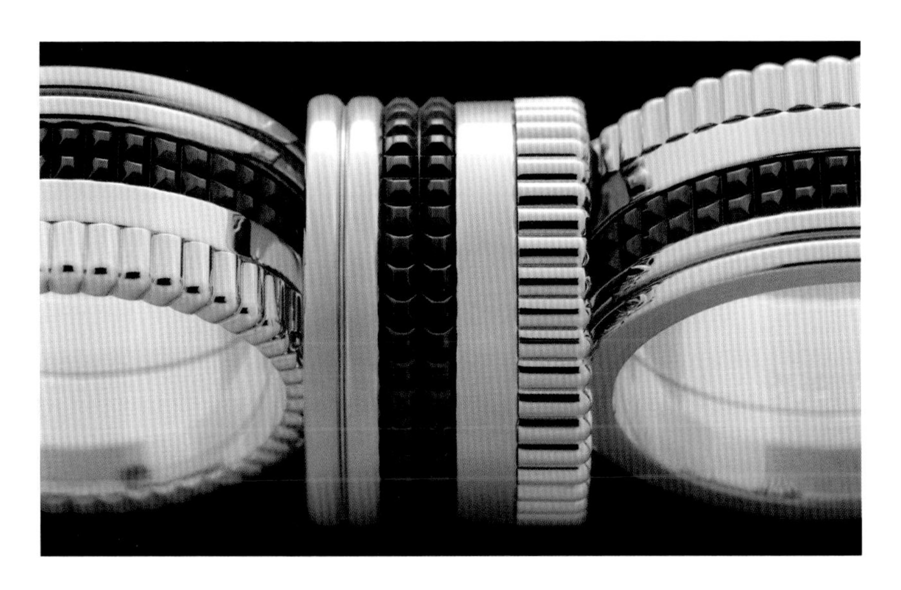

Quatre系列戒指将人间的优雅幻化成独特精美的珠宝艺术

第一，无惧(Audacious)。曲线妙曼，13克拉粉红蓝宝石，可拆下单独佩戴。第二，性感(Voluptuous)。如花边穗带，流苏是活动的，可拆下作为吊坠跟其他项链搭配。第三，魔力(Magic)。状似绿色藤萝，在胸前攀延的问号，旋开蜂窝式镶嵌的盖面即露出藏于内的宝石。第四，好奇(Curious)。动物造型藏身在宝石丛中，镶嵌有7颗共重约96克拉的椭圆形翠玉。第五，贪吃(Gourmand)。一个时钟表面隐身于手镯一颗重4.6克拉的椭圆形粉红蓝宝石下面。第六，危险(Dangerous)。蛇身缠绕着宝石串成的项链，紧咬一颗10克拉的缅甸红宝石。第七，神秘(Mysterious)。用一整颗宝石雕琢而成的花朵，镶嵌有3颗共重41.8克拉的椭圆形蓝宝石。

宝诗龙在珠宝和钟表领域拥有双重特长，其每年都会参加瑞士巴塞尔钟表展，同其他有威望的钟表一样，在有着“梦幻之馆”之称的1号大展馆一层构建一个很大的展位。在制表技术领域，宝诗龙曾推出过 3 款不同的陀飞轮腕表，每款限产 8 只，其珍贵程度可见一斑。宝诗龙甚至请来瑞士独立指标大师 Richard Mille 先生来协助产品设计，而宝诗龙常规表款的机芯多来自瑞士顶级表厂——芝柏表，热爱钟表艺术的朋友对于芝柏的名号一定不会感到陌生。

宝诗龙几乎尝试过腕表领域出现过的所有外观造型，无论是方形、圆形还是酒桶形。无论是鸟类、爬行类动物还是两栖类动物，都用华贵的宝石身躯扮演可爱。有时你会想，自己为了追寻童年的一个梦，花那么多钱真的值得吗？纵观古今，为实现梦想，付出多少都是值得的。Reflet（法语：光彩）、Ronde（法语：圆形）、MEC 是宝诗龙腕表的三大主要系列。Reflet 系列拥有弧度的矩形表壳，是宝诗龙最经典、最适合日常佩戴的腕表款式，诞生于 1947 年，具有很高的可辨识度，五米外一眼就能认出。如果你希望人们都对你的选择表示赞许，必选这一系列。

Ronde 系列是任何一个钟表品牌都不能错过的系列。腕表最基本的造型就是圆形，如果一个品牌连圆形表都做不好，就不要提别的款式了。任何一款宝诗龙 Ronde 腕表无论繁简、无论男女款式都是设计师智慧与辛勤的结晶，在这个系列中，宝诗龙带给了人们最多惊喜。

Cabinet de Curiosités 系列戒指，蛇是最能够代表宝诗龙的徽记

最后是 MEC 系列。如果没有瑰丽的珠宝镶嵌，MEC 系列就是简洁流畅的酒桶形腕表。该系列诞生于 2003 年，在方表与圆表争宠多年的今天，越来越多的人向酒桶形表壳透去青睐。宝诗龙的 MEC 酒桶形表很特殊，有你意想不到的色彩、意想不到的珠宝镶嵌和造型装饰，令人想起仿佛欧洲古堡或下凡的天使。

宝诗龙钻石项圈，花朵也是
设计师的灵感之一

近期，宝诗龙推出一款孔雀腕表，活龙活现的雕刻设计完美至极，仿佛这是一只真孔雀跃然表中，等待飞翔的那一刻。这只傲慢而又美丽的孔雀似乎是从中世纪的光芒中一跃而出，栖息在这款具有无穷吸引力的手表上。它代表了最精美的珐琅彩、雕刻和宝石镶嵌艺术。而GP4000“Seconde Folle”全新自动上链机械机芯，让孔雀看上去像活物一般能够呼吸，仿佛一只披着七彩羽翼的凤凰，随时突破表框的束缚展翅飞翔。宝诗龙一系列的新作品意味着以前的经典作品，如变色龙、猫头鹰、青蛙和刺猬将有新的动物朋友们一起玩要了。

Exquises confidences 系列垂饰，犹如花边穗带的珠宝，独特瑰丽宝诗龙总是掌握着时代的脉动，每一款设计都是宝诗龙工匠的手工传奇之作，以大胆和令人惊讶的珠宝作品，激发人们的无限遐想。他们不断从俄国芭蕾、立体派、装饰艺术、非洲艺术中汲取灵感。在它的理念中，珠宝像真理一样发人深省，它超越了“奢华”的普遍意义，上升为极致的艺术。它俘虏着各个时期社会名流及皇室成员的芳心。伊朗国王曾在1930年邀请宝诗龙为其评估鉴定波斯王国财富，英国、保加利亚和埃及的国王和王后，以及数位威尔士公主，都指定宝诗龙为其制作皇室珠宝。今天，在王公贵族的衣香鬓影之间，在欧美各大时尚盛会上，宝诗龙依然尊贵无比，耀眼夺目——约旦王后的树叶型皇冠、美国影星妮可·基德曼的黄金丝带头饰以及朱丽安·摩尔的祖母绿耳环等无不是宝诗龙的杰作。

Pendentif trouble 系列的扭曲的黄金蛇吊坠，让人过目难忘

从凡顿广场到万国博览会，宝诗龙是先驱也是焦点。它炫目的光芒让人惊叹，心生向往，满足着无数的热望。当你站在宝诗龙珠宝的面前，会发现语言是多么苍白无力，而心情却可以那样欢欣明朗。是宝诗龙使生活变得快乐，抑或是快乐的生活本身就需要如此点缀。

宝格丽
BVLGARI

尊贵古典的意大利品牌

意大利知名时尚品牌宝格丽（Bvlgari）创立于1884年，其家族源于希腊，因此颇为钟情古希腊和古罗马文艺复兴时期的创作风格，其设计作品在古老文明与璀璨灵感的启发下，也达到了空前的繁荣与昌盛。

130年来，宝格丽创造了无数闻名遐迩的顶级珠宝，并以卓越的品质、新颖的造型和优质的服务而著称。时至今日，宝格丽已成为全球知名的奢侈品品牌，其创新设计充分体现在珠宝、腕表、配饰、香水、护肤品、酒店及度假村等领域。宝格丽的时尚作品以大气、细致、风格独特而广受世人喜

左图
宝格丽一直忠实地保持着作坊式的生产理念

右图
宝格丽 SERPENTI 系列以丰富华贵的密镶钻引人注目，兼备深厚的艺术气息

130 年来，宝格丽创造了无数闻名遐迩的顶级珠宝，祖母绿 Emerald 珠宝项链为其中经典之一

左图
宝格丽推出了一系列的精美腕表来作为时尚配饰

右图
创始人索蒂里奥·布尔加里(Sotirio Bvlgari)

爱，宝格丽注重细节，追求品质与创新，创造出一种永恒的古典与优雅之美，卓越一词对于宝格丽而言，无疑意味着顶级产品的品质和最佳服务的完美结合。

宝格丽的每一件产品，无论是珠宝、腕表、香水还是配饰，均需经过严格的检测，以确保并恪守宝格丽工艺传统的标准，完美体现设计师的细腻和创意。宝格丽珠宝首先以水彩画或树胶水彩画抒写创意，然后便会由工艺师倾注自己的手工技能和专业经验，制作出线条柔和流畅的精美首饰，尽显完美的珠宝品质。创作伊始，设计和制作人员会细心揣摩珠宝产品的设计创想，精心选择最能展现其华美的色彩色调，并保证出色的佩戴舒适性，同时还秉承了宝格丽的传统和风格。为维持宝格丽一贯对细节的高品质要求，香水与护肤品均严格选取原材料和有效成分；丝巾、领带和皮具配饰则采用独特材料，并运用最精致的工艺手工制作而成。

宝格丽对于品质的坚持同样反映在客户服务上。自 1990 年起，宝格丽便推行卓越计划，用以培训员工，将宝格丽在从罗马创设以来实践了一个多世纪的卓越理念，严格落实在了全球每一家宝格丽的精品店中。

宝格丽品牌源自希腊，创始人索蒂里奥·布尔加里（Sotirio Bvlgari）当年是生活在希腊伊庇鲁斯地区的一位资深银匠。1879 年，索蒂里奥举家移民到意大利那不勒斯，并于 1884 年在罗马开设了一家银器店，专门出售精美的银制雕刻品。

20 世纪初，索蒂里奥的两个儿子已经长大成人，并开始逐渐热衷于制作宝石首饰。在跟随父亲学习了多年生意经之后，兄弟两人终于在 1930 年正式接管了家族生意，并开始悉心打造他们的首饰王国。当时的欧美珠宝界尤以法式风格最为盛行，首饰的题材和选料都有一定的传统和规矩。进入四十年代，宝格丽率先打破了这一传统，品牌在首饰生

宝格丽 125 周年巡展

产中以色彩为设计精髓，独创性地采用了多种不同颜色的宝石进行搭配组合，并精心运用不同材质的底座，以凸显宝石的耀眼色彩。

为了使宝石的色彩更为齐全，宝格丽还创新性地在首饰上使用了半宝石，如珊瑚、紫晶、碧玺、黄晶、橄榄石等。宝格丽珠宝的色彩之丰富，常常令人叹为观止，而为了令首饰上的彩色宝石能够产生浑圆柔和的感觉，宝格丽开始研究改良广泛盛行于东方的圆凸面切割法，以圆凸面宝石代替多重切割面宝石。这对当时欧美传统首饰潮流来说，无疑算得上是一次极具冲击性的革新之举。

此外，宝格丽还开创了心型宝石切割法和其他众多新奇独特的镶嵌形状，这在当时也堪称是个惊人创新；而宝格丽的珠宝制造理念，在今天也已逐渐发展成为首饰生产的完美标准。紧接着，宝格丽便步入了多元化的发展阶段，推出了一系列的精美腕表来作为时尚配饰，并配合珠宝和银器系列作三线发展。二次世界大战结束后，为了满足人们多样化的生活需求，宝格丽再接再厉，将其精品范围再度扩大到了眼镜、皮件、香水、瓷器等产品阵营。

宝格丽祖母绿配白钻石耳环，花朵般璀璨绽放

即使在科技高度发展的今天，宝格丽还一直忠实地保持着作坊式的生产理念，这也使其作品既有精致的手工艺感，又兼备深厚的艺术气息，具有颇高的收藏价值。希腊与罗马古典主义的结合，再加上意大利精湛的制造艺术，一并造就了产品的独特风格。它的色彩搭配艺术流光四溢、闪耀夺目、交替演绎着时尚与典雅；多年来，对宝格丽产品的拥戴者既有皇室成员、政客名流、影视明星，也有事业有成的富裕中产阶层；意大利女星索菲亚·罗兰就曾

Bvlgari 奢华的祖母绿钻石系列项饰，设计精巧，光彩交互争辉，散发出轻盈剔透之美感

担任过品牌珠宝代言人。

1964 年，索菲亚·罗兰的宝格丽宝石项链被盗，这位拥有众多珠宝的意大利美人当即泪流满面、心痛不已。而在欧洲历史上，也有数位罗马公主曾一度为了得到一只独一无二的宝格丽珠宝，不惜疯狂地以自己的领地来作为交换。自 1884 年创立以来，宝格丽珠宝及其配饰以其华美的设计风格，牢牢征服了所有像索菲亚·罗兰那样热爱时尚的现代女性们的心；与此同时，宝格丽也与钻石有着不解之缘，其彩钻首饰更是早已成为了宝格丽珠宝的最大特色。

从 1970 年起，宝格丽加快了进军国际市场的步伐。这期间，纽约、巴黎、日内瓦和蒙地卡罗等世界各大都市的宝格丽精品专卖店纷纷开张。时至今日，宝格丽在全球已拥有近 160 家精品店，是全球十大时尚集团之一。这个意大利时尚品牌经过四代人的不懈努力，俨然已成为现代精致生活品位的经典标志。宝格丽是不折不扣的意大利顶级精品，在每年的各类时尚排名中始终都稳居全球知名品牌的金榜位置。而在世人眼中，宝格丽集团又无疑有着

宝格丽手镯用紫水晶、玫瑰金及钻石等色彩丰富的珍贵材质组合，呈现了尊贵与奢华的新宠之选

宝格丽黄金镶宝石项链的色彩之丰富，常常令人叹为观止

宝格丽 Parentesi Cocktail 玫瑰金项链，镶嵌蓝色托帕石、绿水晶、紫水晶、黄水晶与密镶钻

太过明显的家族印记——曾任集团主席的保罗·布尔加里和副主席的尼古拉·布尔加里，是创始人的孙辈；首席执行官则是两兄弟的外甥弗朗西斯科·特帕尼，而尼古拉的女儿也曾任宝格丽集团美国市场香水开发部的总经理。

不过，家族的厚重感也注定了宝格丽的发展绝不会忘记家族先辈们的璀璨历史。宝格丽以珠宝起家，曾坚称珠宝业将始终都会是宝格丽品牌的开发重点；但也正是由于家族的每一位成员都想牢牢守护宝格丽品牌，因此，顺应形势的宝格丽便不得不进行改变。

1984 年，年轻的特帕尼自信满满地出任宝格丽的首席执行官一职。他的目标便是要彻底令品牌现代化。此言一出，他孤注一掷的想法便引来了家族人士的纷纷质疑，但最终，保罗和尼古拉两兄弟选择了无条件支持自己的家人。在随后十几年的时间里，特帕尼一步步实现着他的宏远计划，逐步将这个经营模式极为单调的品牌带入了时尚界的各个领域。事实证明，特帕尼所带领的宝格丽家族再一次于风口浪尖之上冒险成功，正如一个多世纪以前，创始人选择了家族世代相传的银匠手艺，并借此机会赚取了人生中的第一桶金。一个多世纪后，他的后辈们也选择了开拓创新，只是这一次他们的步伐迈得更大，将宝格丽家族的历史继续辉煌延续着。1997 年至 2003 年间，宝格丽家族的产业资本增长了 150%。

2005 年，宝格丽集团连续收购了两家瑞士制表公司；同年，宝格丽又取得了意大利皮具公司 Pacini 的全部股份，并将其更名为 Bvlgari Accessori S。继配饰系列的大举成功，宝格丽在大阪和东京等地先后开设了配饰专卖店，次年又相继在首尔、米兰和佛罗伦萨等地开店；2007 年，宝格丽配饰专卖店又在罗马和新加坡同时亮相。2008 年同样是宝格丽扩展版图的一年——欧洲最大的宝格丽精品店在巴黎乔治五世大道开业，全新的双子精品店也在多哈、亚特兰大和墨尔本相继开业。在产品方面，除了各个产品类别皆有新系推出外，宝格丽护肤品系列也开始在各国陆续上架销售。

宝格丽 Serpenti 系列项链以蛇形主题的设计，一直是性格最鲜明的品牌象征之一

为庆祝品牌创立 125 周年，宝格丽于 2009 年举办了品牌有史以来的首次历史回

顾展——“永恒与历史之间：1884-2009”。活动回顾了自1884年宝格丽于罗马康多提（Via Sistina）开设第一家精品店以来，直至今日公司历史上最为辉煌的篇章；同时，还追溯了宝格丽在设计方面的演化发展；500多件珠宝、腕表与艺术品杰作，默默讲述着这一令人瞩目的意大利传奇故事。从遥远的古罗马，到数百年前的威尼斯，从花朵般绽放的璀璨美钻，到造型简洁的铂金指环，宝格丽用象征永恒与坚贞爱情的铂金、钻石，呈现从古老时光中汲取的灵感，打造出四个风格各异却同样富有奢华感的新娘珠宝系列。

宝格丽 Parentesi Cocktail 白金戒指，镶嵌蓝色托帕石与密镶钻

致威尼斯（Dedicata a Venezia）系列是世界上第一枚作为婚姻承诺的钻石订婚戒，最早正式出现于16世纪初的意大利威尼斯；Corona系列以花冠形的铂金底座烘托璀璨的钻石，再现了古罗马时期新娘们佩戴花环的柔和曲线；Griffe系列呈现出端庄大气的阶梯形、枕形切割美钻；Marry Me系列的结婚戒指则跳出复杂的设计，用最简洁的轮廓呈现材质本身的美感，铭记婚姻的纯洁与隽永。B.zero 1女装戒指和Lucea女装腕表则适合于东方女士佩戴，这些产品都是宝格丽珠宝的经典之作，且都有着完美的配饰风格。

2011年3月，国际奢侈品巨头法国路易威登（LVMH）集团宣布，以43亿欧元（约340亿人民币）收购已有127年历史的宝格丽珠宝集团。“LVMH集团是一个理想的合作伙伴，一方面，在收购之后，宝格丽将继续保持自己的个性和独立；另一方面，此举也将会让整个LVMH集团的未来发展受益匪浅。”收购之后，特帕尼将继续担任宝格丽的CEO一职，同时兼任LVMH集团珠宝及手表部门总裁，掌管豪雅(TAG Heuer)、尚美(Chaumet)、真力时(Zenith)、宇舶(Hublot)及戴比尔斯(De Beers)等著名腕表及珠宝品牌。

早在2003年时，宝格丽品牌就已进入中国，尽管在时间上较其他奢侈品品牌较晚，不过，宝格丽却在数年后顽强抵御了金融危机的凶猛来袭，不但在内地市场设立了多家专卖店，同时更是以此为契机，将珠宝、腕表、配饰及香水等业务成功打入国内市场。“尽管全球经济尚处于一个艰难时期，但我们却不会因此而改变宝格丽的销售策略，而是对中国市场抱有非常高的期望与信心，坚信中国能够成为宝格丽躲避这场金融危机的最后一处避风港。”

当一个集团被称之为“帝国”时，除了称赞其事业庞大，涉足面广外，更是还包含了一股势不可挡的侵入性；可以说，宝格丽正在将一种意大利式的奢侈生活方式展现给全世界，于不经意处宣扬着这座“帝国”的强大兴盛，与不可摧毁……

B.Zero1系列，18K玫瑰金镶嵌白色陶瓷吊坠

卡地亚
CARTIER

皇帝的珠宝商、珠宝商的皇帝

20 世纪 40 年代，路易斯 · 弗朗索瓦 · 卡地亚（Louis-François Cartier）盘下了师傅位于法国巴黎 Rue Montorgueil 31 号的珠宝铺，正式成立了卡地亚（Cartier）首饰店。一个半多世纪来，被世人美誉为“皇帝的珠宝商、珠宝商的皇帝”的卡地亚仍然以其非凡的创意和完美的工艺，为人类创制出众多精美绝伦、无可比拟的旷世杰作。

回顾卡地亚的历史，就是回顾现代珠宝百年变迁的历史。在卡地亚的发展历程中，这家时尚品牌始终都与皇室贵族和社会名流保持着息息相关的联系和紧密交往，并已成为全球时尚人士的一个奢华梦想。早在十九世纪末，卡地亚这个世界珠宝翘楚就曾创造性地将轻盈而又坚硬的铂金运用于钻石镶嵌之中。这一完美搭配也将钻石璀璨夺目与

左图
铂金镶钻蛇形项链，由共重 178.21 克拉的钻石缀满，立体的镶嵌整条项链形态轻盈，栩栩如生

右图
早在 1895 年，卡地亚就首次创造性地将轻盈、坚硬的铂金运用于钻石镶嵌中

珠宝设计师和技艺高超的工匠，
使设计独特的项链都和谐地体现了
卡地亚的绰约风格

坚固恒久的特质体现得淋漓尽致，最终铸成了这个传世经典。

每一枚卡地亚婚戒的诞生，都是新人结合的最真实写照，其创意设计就如同感情之初的火花般，慢慢积淀升华；其选材之缜密，更像是茫茫人海的两人相遇，百里挑一地甄选出那颗最完美的钻石；其制作工艺，又好似两人感情历经磨砺，最终双双戴上了永世相系的信物，彼此许下了挚爱今生的神圣誓言。

1847 年，路易斯以自己名字的缩写字母 L 和 C 环绕成心形，组成了一个菱形标志，注册了卡地亚公司。这不但意味着卡地亚的正式诞生，更象征着一个传奇爱情故事和奢华王国的开始。当时，巴黎刚刚经历了一番王位争夺动荡，重新恢复了昔日的浮华气氛，极大地推动了巴黎珠宝业的繁荣发展。紧接着，路易斯便在 1856 年幸运地得到了拿破仑三世年轻的堂妹——玛蒂尔德公主的青睐，在业务上取得了不断的增长。

左图
卡地亚始终都与皇室贵族和社会名流保持着息息相关的联系

右图
卡地亚皇冠的制作工艺和独特风格，带来无法抗拒的极致璀璨

1902 年，卡地亚的店铺已经从巴黎开到了伦敦和纽约，纽约逐渐成为卡地亚王国的总部

1859 年，卡地亚迁至巴黎意大利大街（Boulevard des Italiens）9 号，法皇拿破仑三世的妻子尤金妮皇后也被卡地亚珠宝的璀璨气质所深深吸引。1902 年，卡地亚的店铺已经从巴黎开到了伦敦和纽约，而纽约也逐渐成了卡地亚王国的总部，父子相传仅两代的时间，卡地亚便已成了世界“首饰之王”。

随着这个“首饰王国”的声名远扬，卡地亚也开始成为欧洲各国皇室的御用珠宝商——英国皇室曾向卡地亚订购了 27 顶皇冠作加冕之用；此外，西班牙、葡萄牙、罗马尼亚、埃及、法国奥尔良王子家族、摩洛哥王子和阿尔巴尼亚皇室亦曾委任卡地亚为自己的皇家首饰商。

1907 年，卡地亚首次与圣彼得堡的欧洲大酒店(Grand Hotel Europe) 举办珠宝展及销售会，并被俄国沙皇尼古拉斯二世指派为官方精品供货商。就在华丽店铺迎来送走众多尊贵宾客的同时，卡地亚兄弟三人路易斯、皮埃尔和雅克又开始萌生出“征服

左图
经典造型的卡地亚 LOVE 手镯

右图
卡地亚三环戒是世界上最享负盛名的戒指之一，象征着友谊、忠诚和爱情

并捕获更多的消费人群”的品牌发展理念。他们的足迹踏遍世界各地，从印度到俄罗斯，从波斯湾到新大陆，从此奠定了卡地亚品牌的发展基础。兄弟三人不断地在世界各地四处搜罗珍贵的设计元素，感受当地文化的美妙神韵，同时还不断汲取灵感养分，比如经典的卡地亚 Love 手镯系列，象征着忠贞不渝的爱情信念。

诞生在纽约卡地亚设计工作室的 Love 手镯，则是以螺丝为“媒”，并独具匠心地以一个专配的螺丝起子锁住两个半圆金环，使其从此不再有缺憾，变得完整而又圆满，仿佛在尘世中苦苦寻找着自己的另一半，并终于邂逅、结合、身心交融。正如卡地亚的其他杰作一样，Love 手镯巧妙的创意背后，事实上也有着深远的历史内涵。当时的西方社会正处在文化、道德及政治理念剧烈动荡的变革时期，广为盛行的“性解放”运动也让许多人丧失了对爱与生活的信仰。但这款手镯的问世却仿佛一股清风，缓缓吹入了人们迷惘的心田，使人们重新相信爱情与忠贞的美好，再次发现了尊重与信任的力量。

由此，小小螺丝钉便成就了世界珠宝史上的一个经典传奇，多年来令无数名流雅士魂牵梦绕、时刻追随。众多明星情侣，如伊丽莎白·泰勒和理查德·伯顿，索菲亚·罗兰与卡罗·庞帝，阿里·麦格劳和史蒂夫·麦柯奎恩，以及戴安·佳能和加里·葛朗特等，都选择以“Love”手镯来表达爱意，以锁住对彼此的爱恋与眷恋。

20 世纪 20 年代，路易斯为其诗人好友让·科克托设计了造型独特且极富创新的卡地亚三环戒指，三个金环相互环绕在一起，分别象征着友谊（白金）、忠诚（黄金）和爱情（玫瑰金），这也是卡地亚对永恒不变的爱情的完美演绎。

时至今日，三环戒指已成为世界上最享负盛名的戒指产品之一，同时也是卡地亚的灵感泉源和品牌标记。三环戒指彼此交缠，冲击时代与潮流，展现个人风格及身份象征。三环戒指背面凸起，但正面却是格外光滑，任由环圈互相缠绕，转眼又在金属的表面上互相掠过，诚然流露出一种法式的优雅，交织着自然与古典主义，不断牵动着各国时尚人士的心。有着统一风格和独特设计的卡地亚名表设计也是简约而又时尚，线条清晰却不显僵硬，优雅而非繁复，总能让你一见钟情。中性、实用的设计适于各类佩戴者及不同的佩戴场合，让你感觉总会与时间同在。

1938 年，伊丽莎白女皇佩戴着卡地亚为其精心

左图
卡地亚也在荧幕舞台上也发挥着自己的独特魅力，与众多明星结下了长达一个世纪的奢华情缘

右图
优雅的美洲豹（美洲豹女士）向来是卡地亚钟爱的形象

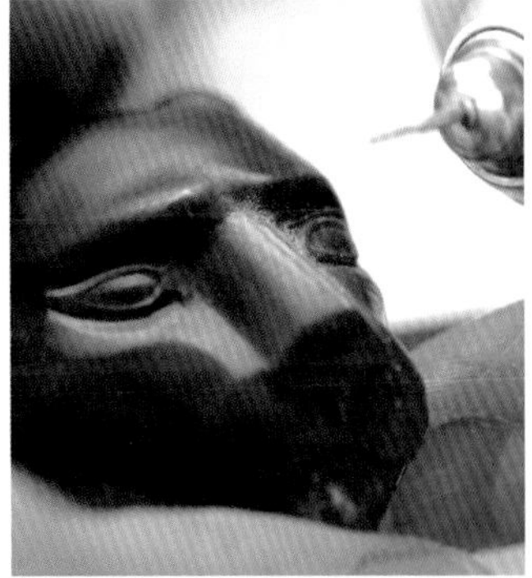

设计的一款手镯式腕表出现在全世界面前。从此，卡地亚腕表便开始在国际上声名远播。与此同时，作为卡地亚家族文化中的灵魂人物，有着杰出艺术才华的路易斯，在后来还特别找到设计家查尔斯·杰库，为其创作世界一流的珠宝饰品；同时还觅得被称为是“美洲豹”的杰出女设计师珍妮·杜桑女士，从而令美洲豹型珠宝成了卡地亚的经典标志。

路易斯既像诗人般追求完美，又像魔术师般地将完美的梦想一一实现，从此，他便带领卡地亚迈入了新的纪元。1949 年，温莎公爵委请卡地亚高级珠宝设计师杜桑首度设计出了卡地亚第一件立体型豹形胸针，一只花豹神奇地高踞在一颗蓝宝石上，圆凸形的蓝宝石重达 152.35 克拉，以钻石和蓝宝石组镶的美洲豹栩栩如生，从而变成为了卡地亚美洲豹珠宝系列设计中最广为流传的一件经典作品。1969 年，卡地亚取得了一颗重达 69.42 克拉的

左图
美洲豹胸针，1949 年作品，主角是一颗 152.35 克拉凸圆形克什米尔蓝宝石，特别为温莎公爵夫人设计及制作

右图
钻石链坠精心镶嵌的羽毛仿若悬浮半空，带着想像的翅膀美妙飞翔

梨形钻石，并将其卖给了理查德·波顿，后者随即将钻石赠给了伊丽莎白·泰勒，这颗知名的卡地亚钻石也因此被更名为“Taylor-Burton”。

卡地亚 LOVE18K 白金镶项链，简约大气

进入20世纪70年代，卡地亚于香港正式设立了品牌精品店。1978年，卡地亚创造出第一只搭配纯金与钢表带的Santos de Cartier腕表，已有百余年历史的Santos腕表系列见证了时代的沿革与变迁，至今仍是历久弥新。极具时代感的几何设计外形、弧形方角与和谐的表耳弧线，以及当时钟表界罕用的真皮表带，无不以装饰艺术风格对腕表进行新的诠释。Santos de Cartier这款早期飞行腕表，起初是源自人类对自由翱翔于天地间的无限渴望——路易斯的巴西富豪好友山桑托斯·杜蒙特是位热爱飞行的飞行员，在一次巴黎聚会上，杜蒙特向好友卡地亚提及自己无法在飞行之际轻易读取时间这个问题，并向其寻求解决之道；路易斯经反复思索与探究后，最终成就了革命性的Santos飞行腕表系列。

1904年，这款以好友为名的飞行腕表以前所未有的概念与造型惊艳问世，Santos并于1907年创下了一个飞行佳绩，成功打破了22秒钟飞行220米的原有纪录。从此以后，它的崇拜者们便无一不渴

望拥有一只 Santos 腕表，同时，也开启了卡地亚制作精致高级腕表的辉煌之路。1988 年，卡地亚取得伯爵表及名士表的主要股份，并购买了 Aldeberg 连锁百货商店；1994 年，卡地亚于日内瓦展会上分别以 Art Deco、圣彼得堡和珍珠为主题，推出了崭新的珠宝腕表系列，以及利用白金和玫瑰金制成、限量发行的 Santos Dumont 九十周年纪念腕表。

1995 年，卡地亚推出包括 Pasha C 在内的全新 Pasha 腕表系列和路易斯金笔，并于次年推出了全新的 Tank Francaise 腕表系列，以及以“创作”为主题的全新 New Jewellery 系列。1997 年，卡地亚庆祝品牌 150 周年庆典，并推出了限量发售的时尚精品。这批独一无二的精品系列以“3”、“150”及“1847”三个数量发行——3 系列代表闻名于世的三环戒指，此系列每款仅推出三件；150 系列代表卡地亚品牌成立 150 周年庆典，此系列仅推出 150 件；而 1847 系列则是卡地亚的成立之年，此系列各款推出了 1847 件。

此外，卡地亚珍藏系列中还包括了珠宝、腕表、皮具、书写工具等各款精品，与世界各地的卡地亚精品店同步发售。与此同时，全球致庆活动还包括了一系列的展览，如在纽约大都会博物馆及大英博物馆举行的“卡地亚 1900 – 1939”展览会，期间卡地亚共展出了逾二百件在 1900 – 1939 年期间制造的古董珍品；而卡地亚当代艺术基金会也对外展出了其数量众多的珍藏艺术作品。紧接着，一系列名为 La Crdeation 的全新珠宝系列也开始在亚洲、欧洲及美国隆重推出。一时间，卡地亚开始风靡全球，成为全球各界富裕人士一致推崇的掌中之宝。2009 年，Santos 100 镂空腕表华丽问世；同年，卡地亚珍宝艺

虎形长柄眼镜，老虎双眼为两颗梭形绿宝石

术展也在北京故宫博物院正式上演。现如今，中国是卡地亚全球总裁伯纳德·福纳斯（Bernard Fornas）每年拜访最多的一个国家。在进入内地的前14个年头里，卡地亚在国内仅有3家专卖店；但2004年一年，这个数量便猛增到了6家。

目前，卡地亚在国内销售最为强劲的产品，便是婚戒系列，其次是Love系列，然后是新珠宝，如兰花系列和龙系列。在维护品牌形象方面，虽然营销网络在不断迅速扩大，卡地亚也仍将会维持品牌一贯的服务水准，在每个新店开业之前，都会将新店员工调配到京沪两地的成熟店铺中进行培训，吸取经营经验，目的就是为尊贵客户提供整齐划一的服务要求。今天，无论是高级珠宝还是腕表系列，卡地亚都本着出色的制作工艺、专业技术和独特风格，始终如一地传递着卡地亚品牌所惯有的高贵价值与奢华理念。

香奈儿
CHANEL

贵族典范，永恒经典

香奈儿建立起伟大的时尚帝国

流行稍纵即逝，风格永存。香奈儿(Chanel)已成为时尚界的骄傲，也是这个地球上女人最想拥有的品牌。双C的经典Logo永远席卷时尚流行、永不缺席。

香奈儿女士(Gabrielle Chanel)出生于1883年、逝世于1971年，Coco是她的小名，虽然她离开我们很久，但是其经典的风格一直是时尚界的鼻祖。

Coco最钟爱用黑色与白色进行美丽的幻化，实现一种绝对的美感以及完美的和谐。她留下许多对流行的看法，成为引导时代流行的心灵导师，她认为，美指的是内外皆美，虽然流行不断推陈出新，但是风格永远不会被淘汰。与此同时，她还深信，简单是让美好质感呈现的最佳方式。她留下的经典设计包括:No.5 香水、斜纹软呢、双色鞋、黑色小洋装等。

香奈儿虽然由服装起家，但早在 1925 年时，她就开始委托生产少量腮红、口红和保养品，供自己和客人使用，仅在香奈儿服饰精品店陈列，但这些商品已打上 Chanel 名号。1921 年 No.5 香水上市，品牌开始往香水、化妆品开发，现在香水与化妆品已成为香奈儿表现相当出色的项目，每隔一阵就推出一种新香水。

在领导化妆品流行方面，香奈儿也是煞费苦心，每一季推出一项新商品，而且过季不售，所有产品都极具市场吸引力及魅力。香奈儿近几年也推出过不少护肤系列，完整系列为油性、中性及干性等各种肤质设计不同的护肤程序。这几年香奈儿积极进攻亚洲保养品市场，展现强烈的企图心。

香奈儿本身非常聪明，且敢于挑战传统，向世俗唱反调，像男女装混穿、把休闲服变成时尚流行、肩背式皮包与套装等风尚，解放女人、开创了女性

左图
香奈儿品牌经典的双 CLogo

右图
引领时尚潮流的香奈儿(Chanel)女士

香奈儿珠宝饰品堪比艺术品

时尚时代。一直风靡到现代的黑色小洋装，更是打破当年黑衣服只能够当做丧服来穿的习俗，从此时起，香奈儿创造了一个属于她自己的时代。

她在 1921 年成立品牌的精品店、同年 No.5 香水诞生。她大胆说出:“戴巨大帽子还能活动吗？”终结了巨大女帽的年代，她所设计的简洁女帽成了潮流尖端，她有着用不完的创新点子，表现出与传统的冲突，同时还表现她对人心的透彻了解。

香奈儿女士是香奈儿品牌的创始人，即便是对这个国际奢侈品品牌有着诸多了解的人，或许对香奈儿女士的故事知晓不多，但是对真正的品牌内涵来说，受其创始人的影响是不可避免的。往往品牌创始人拥有何种性格以及态度，多数都会在自己的品牌上赋予一二。

香奈儿生于 1883 年，是一对法国贫穷的未婚夫妇的第二个孩子。她的父亲是来自塞文山的杂货小贩，母亲是奥弗涅山区的牧家女。据说，香奈儿出生在法国索米尔；另一说法是生于法国南部山区奥弗涅。实际上，关于她身世的传说，历来众说纷纭，

香奈儿(Chanel)山茶花18K白金黑色缎带钻石腕表，沿袭了品牌一贯的优雅风格

加之香奈儿至死竭力回避和掩饰，就更使她的出身蒙上一层迷雾。

香奈儿的童年是不幸的，她 12 岁时母亲离世，父亲更丢下她和 4 个兄弟姐妹。自此，她由她的姨妈抚养成人，儿时入读修女院学校，并在那儿学得一手针线技巧。在她 22 岁那年，她当上咖啡厅歌手，并起了艺名“Coco”，在不同的歌厅和咖啡厅卖唱维生。在这段歌女生涯中，Coco 先后结交了两名老主顾，成为他们的情人知己，一名是英国工业家，另一名是富有的军官。结交达官贵人，令 Coco 拥有经济能力开设了自己的店铺。

1910 年，Coco 在巴黎开设了一家女帽店，凭着非凡的针线技巧，缝制出一顶又一顶款式简洁而耐看的帽子，她的两名知己为她介绍了不少名流客人。当时女士们已厌倦了花巧的饰边，所以香奈儿简洁、舒适的帽子对她们来说，犹如甘泉一般清凉。

左图
香奈儿 (Chanel) 山茶花系列手镯，优雅中尽显奢华

右图
CAMÉLIA 系列 18K 白金手链，镶嵌钻石

Soleil Pastel 项链，是钻石与色彩宝石搭配的典范之作

左图
香奈儿是时尚界的骄傲

右图
Coupoles 戒指，将东方元素的想像与梦幻化作宛若威尼斯穹顶

短短一年内，随着生意节节上升，Coco 把她的店铺搬到了气质更为时尚的 Rue Cambon，至今该区仍是 Chanel 总部的根据地。不过，做帽子仍不能满足 Coco 对时装事业的雄心，于是，她开始进军高级定制服领域。

香奈儿本人有着出众的外貌，当她还是一个服装店小老板的时候，就得到了一位伯爵的赏识，当时那位伯爵是让无数女人心动的男士，可是，香奈儿女士拒绝了他的求婚。事实证明，伯爵能给香奈儿的，她一样可以靠自己的能力来得到。

1914 年，Coco 开设了两家时装店，影响后世深远的时装品牌 Chanel 宣告正式诞生。步入 20 年代，香奈儿设计了不少创新的款式，例如针织水手裙、黑色迷你裙、樽领套衣等。而且，Coco 从男装上取得灵感，为女装增添了一点儿男性味道，一改当年女装过份艳丽的绮靡风尚。比如 Coco 将西装褛加入到女装系列中，又推出了女装裤子。在 20 年代，女性只会穿裙子，Coco 的这一连串创作，无疑为现代时装史带来了重大革命。Coco 对时装美学的独特见解和难得一见的才华，使她结交了不少诗人、画家等各类知识分子。她的朋友中，就有抽象画派大师毕加索、法国诗人、导演尚·高克多等。当时法国风流儒雅之风盛行，正是时装和艺术发展的黄金时期。

除了时装，香奈儿还在 1921 年推出了 Chanel No.5 香水。由玛丽莲·梦露等世界上最美丽的女人相继代言的 No.5 香水瓶子，本身就是一个极具装饰艺术味道的玻璃瓶；而“双 C”标志也让这瓶香水成为香奈儿历史上最赚钱的产品，且在恒久的时光长廊上历久不衰，至今，在香奈儿的官方网站上依然是重点推介产品。

1920 年，香奈儿女士在好友米希亚塞特夫妇的陪同下初次踏足威尼斯。她徜徉在各个博物馆和华丽的教堂中，如获至宝，那些装饰在圣马可教堂中的拜占庭风格金饰深深地吸引了她，同时，诸多雕塑和绘画中的狮子——威尼斯的标志，也是香奈儿女士的星座象征。东西方世界交汇融合的氛围让她深深迷恋。这种令人惊艳的华美牢牢吸引着她，使

彩色宝石镂空手镯，用绚丽的各种色彩色宝石交织点缀，和玫瑰金缠绕，编织出性感而充满异域风情

得她此后的创作总是展现出无与伦比的奢华绚丽。拜占庭与威尼斯人广泛使用的镀金及景泰蓝石制品，随后成为她创造珠宝的灵感。在色彩令人目眩神迷的 Secrets d' Orients 顶级珠宝系列里，威尼斯、拜占庭、撒马尔罕、伊斯法罕等各种东方风情洋溢在宝石的流光溢彩中。蓝宝石的蓝紫色光芒、碧玺的粉嫩，与石榴石的鲜红交织；祖母绿的碧翠与红宝石的艳红辉映，并和珐琅完美融合；钻石的璀璨与珍珠的莹白交相呼应，映射出动人的莹彩。

香奈儿该珠宝系列受到威尼斯人用色的深刻影响，充满巴洛克拜占庭式精神，同时还洋溢着丰富的女人味。色泽调和，光泽璀璨，以钻石、珍珠、贵重宝石及彩色宝石等各种不同大小和形状组成。

在 Baroque 海洋巴洛克系列中，自由而惬意的精神在首饰的佩戴方式上体现得淋漓尽致。戴在手臂上的宽手镯，别在腰带或手包上的胸针，创意和瑰丽同时成为点睛之笔。作为海滨发布的度假系列，海洋元素也是首饰中的一大重点，珍珠、贝壳、卵石、海马造型，统统都成了华丽装饰的一部分。

20 世纪三四十年代，第二次世界大战爆发，Coco Chanel 把她的店铺关掉，避居瑞士。1954 年，Coco 重返法国，Chanel 东山再起并以她一贯的简洁自然的女装风格，再次迅速俘虏众巴黎仕女。短厚呢大衣、喇叭裤等，都是 Coco Chanel 战后时期的作品。战后 Chanel 风格一直保持着简洁的特点，多用苏格兰格纹或北欧式几何印花，而且经常用上花呢造衣，舒适自然。

Coco Chanel 1971 年逝世后，德国知名设计师卡尔·拉格斐 (Karl Lagerfeld) 成为 Chanel 品牌的又一灵魂人物。自 1983 年起，他一直担任 Chanel

香奈儿 1932 系列 18K 白金手链，蝴蝶结造型，镶嵌珍珠、黑钻和钻石，脱俗超凡

的总设计师，将 Chanel 的时装推向了另一个高峰。香奈儿品牌创立至今接近九十年，从未制过一件男装，直至 2005/2006 秋冬系列，才设计制造了几件男装上市。

香奈儿一生都没有结婚，她创造了伟大的时尚帝国，同时也追求着自己想要的生活。她本身就是女性自主的最佳典范，也是最懂得感情乐趣的新时代女性。她和英国贵族艾提安·巴勒松（Etienne Balsan）来往，对方资助她开第一家女帽店；而另一位阿瑟·卡佩尔（Arthur Capel）则出资帮她开了一家时尚店；她与西敏公爵一同出游，启发设计出第一款斜纹软呢料套装。生命中每一个男性，似乎都激发着她的创意泉源。“香奈儿代表的是一种风格、一种历久弥新的独特风格”，Chanel 如此形容自己的设计。热情自信的 Chanel 将这股精神融入了她的每一件设计，使得 Chanel 成了一家相当具有个人风格的品牌。

Chanel 的设计带有鲜明的个人色彩。她追求自

CAMÉLIA 系列 18K 白金手镯，镶嵌钻石

由，但是眷恋男人；她强悍独立，但是却有着十足的女人味。70 岁时她曾形容自己是“法国唯一一座不灭的活火山”。如今，放眼新人辈出、品牌繁复的流行产业，Chanel 依然是时尚界一座永远不灭的活火山。

香奈儿高级珠宝作品，在灵感上汲取了香奈儿女士在 1932 年推出的第一款珠宝系列的活泼与大胆，以及极富香奈儿品牌精神的经典主题。在 1988 年到 2007 年期间，洛伦兹·鲍默为香奈儿设计了一系列的高级珠宝。此后，香奈儿高级珠宝开始建立自己的创意工作室。

从取材于嘉柏丽尔·香奈儿美学宇宙的最初草图，到为珠宝工坊准备的极为细致的工艺制图，皆出自香奈儿高级珠宝创意工作室之手。创意工作室不断创新，为香奈儿高级珠宝世界注入了源源活力。

黑白色的主基调，让 Chanel 2011 年秋冬珠宝系列闪烁着古朴而又奢华的气质。精致的手艺、繁复的造型、各式珠宝元素的穿插和衔接设计，让整个系列宛如讲述中世纪皇室奢华生活的一部电影，每一款都是精品，堪比艺术品之美。

2012 年，为了纪念品牌首个高级珠宝系列诞生 80 周年，香奈儿推出了由 80 件全新高级珠宝组成的“1932” 系列。Coco 当年钟爱的设计元素，以更为奢华的方式重新呈现：由白钻、黑钻、珍珠打造的钻石之夜、明星系列以及黑领结胸针，镶嵌重 79.3 克拉不规则珍珠的 Celeste 胸针，而 Coco 的星座狮子座，也首次成为香奈儿高级珠宝的设计主题之一。

今天的 Chanel 传承了嘉柏丽尔·香奈儿优雅的现代精神，在时尚、香水与美容产品、腕表与高级珠宝各方面，不断续写着新的美丽篇章。

萧邦
CHOPARD

朴实典雅的奢华

相比众多同时代产物，瑞士知名品牌萧邦可谓是经历了一段犹如暴风骤雨般汹涌的发展历程。尽管萧邦主打各类腕表制品，不过在150多年的历史长河中，这家公司也并未忘记将旗下的精密制表工艺延伸至珠宝首饰制造领域。尽管成长道路并不平坦顺畅，但现如今的萧邦品牌却早已经被业界尊为钟表制品与高级首饰的专业设计制造商。

虽然出身卑微，但纵观整个19世纪，这家老牌企业在制表领域的地位与资历都是极其醒目的。其精心打造的无数精密计时器，更是成为无数竞争对手望之兴叹的行业标杆。然而，如若不是年轻的制表匠与金匠卡尔·费舍尔在1963年的出手相救，今日的人们将会无缘一睹这家优秀厂商的现代辉煌。在费舍尔的英明领导下，萧邦在随后的日子里很快便重振雄风，品牌得到了极大的发展，尤其是旗下的制表业与珠宝业两大核心业务领域。

如果能见到萧邦的今日辉煌，路易斯·尤里斯·萧邦，这位在1860年成功创立了萧邦高精确度制表厂的伟大先驱，想必也会对这家由自己一手打造的钟表公司感到欣慰。2010年，为了庆祝萧邦品牌成立150周年，该公司举办了盛大的庆典仪式，

右页图

萧邦 (Chopard) 时这个系列的手镯及耳环诠释了萧邦精湛的工艺技术及瑰丽缤纷的风情。手镯（中），镶嵌有色彩各异的梨形蓝宝石和切成玫瑰型蓝宝石，明亮式切割的碎钻以及紫水晶。耳环（两侧），18克拉白金耳环，镶嵌有玫瑰型的各色蓝宝石、粉色蓝宝石、蓝色蓝宝石和紫水晶

左图
历史上的萧邦制表厂

右图
萧邦家族的老照片

同时也向世人展示了自己在国际制表领域所创造的一系列独具品味的表中精品，以及独有的精湛工艺。

从当年的创始人到今日的萧邦掌门家族薛佛乐（Scheufele），萧邦品牌始终都遵循着一套经久不衰的品牌准则，即追求卓越品味、品质、创新和独立，且绝对尊重每一位顾客及雇员。

尽管家族世代是农民，但路易斯·尤里斯·萧邦的父亲菲里西希安却无时无刻不在鼓励自己的两个儿子外出去学习制表贸易。在父亲的长期熏陶下，小儿子路易斯很快便展现出过人的钟表天赋，并意识到钟表贸易着实能够给自己带来极其可观的利润与回报。正是在这种观念的驱使下，1860 年，年仅 24 岁的路易斯·萧邦在瑞士西北部地区的松维利耶（Sonvilier）成立了一家名为 L.U.C 的制表厂，开始制作怀表和计时器产品，而该地区事实上也正是瑞士制表业的核心地区。

为了能够在众多竞争对手中脱颖而出，路易斯开始着手设计并生产一系列有着创新功能与复杂工艺的精密腕表制品。这种早期的品牌创新设计理念，在某种程度上也为日后品牌进行珠宝饰品创造打下了坚实基础，以至于令该品牌能够在未来的日子里，再度于众多珠宝业竞争对手之脱颖而出。

随着一系列创新腕表产品的相继下线，萧邦开始在东欧、俄国和北欧地区不断游说宣传，目的是通过此举，帮助公司在更多的地区寻找并开拓新市场。不久，俄国沙皇便成了萧邦表的第一位忠实皇家客户。到了 1913 年，萧邦品牌的市场业务开始逐步稳定，此时路易斯也决定将自己的家族企业传承给他的儿子——保罗·路易斯。

就在萧邦家族不断于瑞士国内巩固发展其家族业务的同时，来自德国的 Scheufele 家族在公司业务方面也开始蓬勃发展，从而也在日后与萧邦品牌产生了千丝万缕的联系。1877 年 8 月，乔安的妻子苏菲·薛佛乐（Sophie Scheufele）生下了一个男孩，起名卡尔。近一个世纪后的今天，这位卡尔的外孙仍叫做卡尔，但却承担起了萧邦王国“救世主”的伟大使命。

1904 年，老卡尔只身踏入钟表制造领域，随后

现代萧邦珠宝专卖店

又创办了一家名为 ESZEHA 的公司，主要从事精美珠宝首饰及高级钟表的研发与生产。1912 年，公司完成了首项突破，推出了一款专用夹子，可将怀表连在手腕上，或是作为一串项链来佩戴。

与此同时，在瑞士国内，保罗与自己的儿子保罗·安德烈也已经意识到，革命性的腕表时代即将到来。尽管萧邦公司所生产的怀表时钟主打男性群体，但镶嵌有贵重宝石的腕表，也已经开始逐渐吸引广大女性群体的兴趣，而萧邦表所特有的精准计时以及先进的工艺技术，更是让无数人为之痴迷。1937 年，颇具远见的萧邦公司选择将总部迁往日内瓦，时至今日，这座城市已然成为全球顶级的钟表制造中心。

左图
工艺师在对钻石饰品精雕细琢

右图
造型独特简约的配饰，尽显大家风范

后一战时期的欧洲各国伤痕累累，一片狼藉，面对这样一种现状，老卡尔毅然选择将公司生产重心全部放在制表方面，坚信人们对于珠宝首饰的需

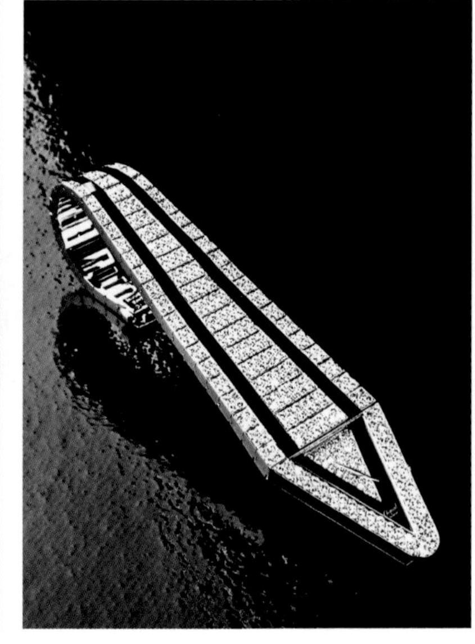

制作中的萧邦项链，每一道工序都严谨缜密、做工精巧

求将会出现大幅下降。再后来，老卡尔又将自己的众多钟表产品推广到了德国、奥地利、东欧甚至于中国。

出现于战后时期的装饰艺术运动，也迅速为装饰艺术带来了一番革命性改变。在此时期，萧邦公司与 Scheufeles 公司不约而同地选择了充分利用这一全新的潮流趋势。装饰艺术运动为其带来的剧烈影响，主要表现在当时的“钱包手表”方面。设计师充分利用了极具中国特色的喷漆设计或彩饰金银，艺术品身上还都镶嵌有各类贵重宝石和一些几何形图案，从而令此类产品看上去更加引人注目。

当时的老卡尔正盘算着在瑞士国内购买一座制表工厂，然而随着希特勒统治下的第三帝国的逐渐猖狂，他似乎意识到已经距离自己的这一梦想渐行渐远。1941 年，老卡尔带着遗憾离开人世，将家族生意留给了自己的儿子打理。

进入 20 世纪 50 年代，各类“钱包手表”款式开始逐渐占据主流舞台，这些表品大多都有着传统的外形，比如说波浪形表耳、带有小饰片的表带，以及不断出现的各种铰接设计等。1966 年，小卡尔过世后，再度将家族生意传给了自己的儿子——卡尔三世。让人欣慰的是，相比自己的父辈祖辈，卡尔三世在钟表制造技艺方面所展现出来的创造力，绝对是有过之而无不及。很快，他便开始着手设计一系列外形精致的珠宝及腕表制品，同时还大力研发自有机芯制品，并很快意识到一个问题，那就是通过收购一家瑞士钟表制造厂来作为品牌的根本发动力。

与此同时，萧邦公司的市场业务却是连年下滑。公司第三代掌门人保罗·安德烈在钟表制造方面能力出众毋庸置疑，但他显然不是一个合格的商人，他也愿意将这家公司出售给前来试探的卡尔三世。两人其实有着许多相同之处，比如说同样都是态度坚定、判断力与创造力非凡的人，同时也都对手工制品怀揣深厚的感情。通过收购萧邦公司，卡尔三世也正式跻身高端专属的奢华俱乐部，那就是高级瑞士钟表制造领域。

在卡尔三世的努力下，薛佛乐（Scheufele）家族成功将萧邦公司从悬崖边上拉了回来。凭借卡尔三世过人的销售能力以及开阔的发展视野，萧邦公

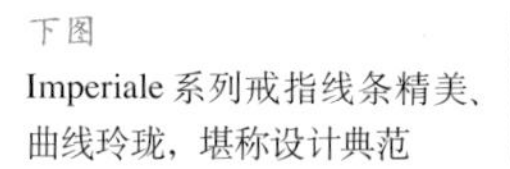
下图
Imperiale 系列戒指线条精美、曲线玲珑，堪称设计典范

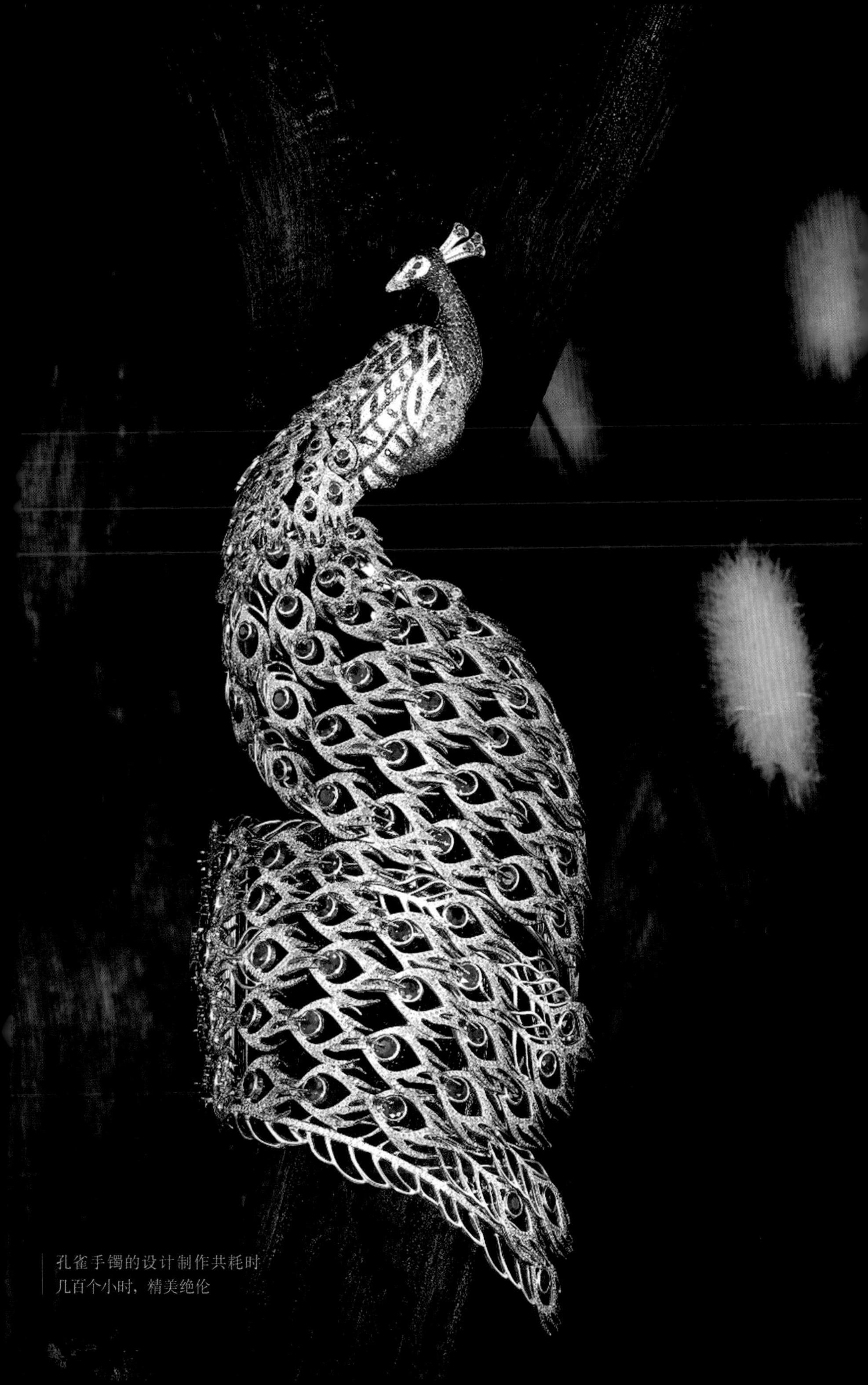

孔雀手镯的设计制作共耗时
几百个小时，精美绝伦

被钻石包围的翡翠项圈，尽显奢华

司被打造成为一家真正意义上的国际级制表及珠宝品牌。全新亮相的萧邦产品集原创性与娱乐性于一身，同时还拥有无可挑剔的尖端质量，从而也为品牌的发展道路奠定了坚实的创新基础。

紧接着，萧邦公司便于 20 世纪七八十年代迈入了品牌发展的巅峰期。在当时，有不少德国专业人士认为，珠宝产业就如同是规模宏大的奥斯卡年度盛会，而这一非凡荣誉也为萧邦品牌带来了无数的国际级著名奖项，尤其是 1976 年推出的一款名为“幸福的钻石”的高级珠宝系列作品。

1976 年，受协和式超音速喷射客机的启发，萧邦公司发布了一枚以白金镶嵌玛瑙及美钻的高端产品——Concord Watch。该系列荣获了当年声望极高的国际钻石大奖，而该奖项也不过只是薛佛乐家族所获三大奖项之一。

进入 90 年代，卡罗琳·薛佛乐 (Karl-Friedrich Scheufele) 和她的妹妹格罗丝·薛佛乐 (Caroline Gruosi-Scheufele) 紧随家族前辈的脚步进入领导层。两人各有所长，也没有让众人失望。卡罗琳以经典的德国普尔福茨海姆 (Pforzheim) 珠宝制造理念为基础，推出了一系列颇具异国情调的高级珠宝制品；而格罗丝则将公司的制表业务带到了新高度，在 1996 年于弗勒里耶 (Fleurier) 创立了高端制表厂。

与此同时，两人也开始意识到，公司应当拥有自制机芯，以继承并发扬公司由来已久的高级制表历史。于是，卡罗琳便说服了自己的家族成员，决定大力发展自

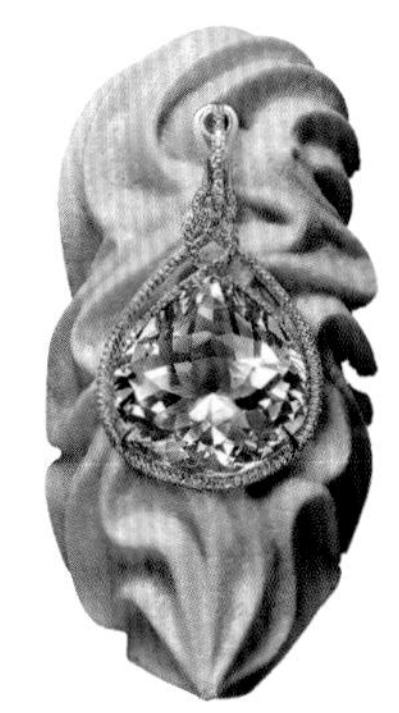

下图
萧邦红碧玺钻石耳环，具有特殊的美感和令人着迷的绚丽光彩

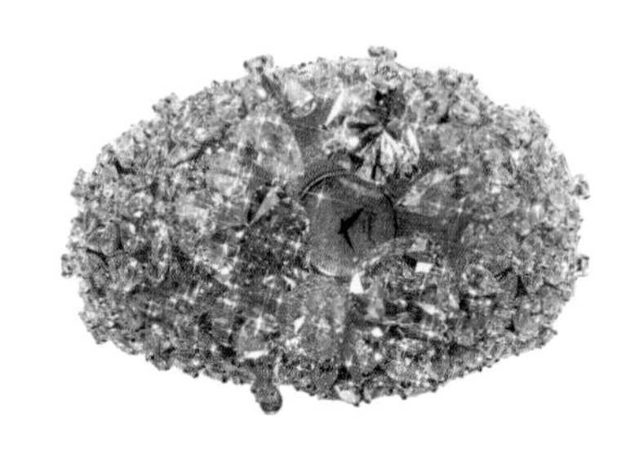

镶满了无瑕的白钻及黄钻组成的花朵，上面再点缀着明亮切割的彩色心形美钻及梨形黄钻，令这款顶级订制珠宝腕表呈现光与影交错的美感

制机械机芯制品。随即，她将这一使命交给了自己的儿子并秘密地开启了这一项目。

为了打造出真正意义上的原创制造，卡尔采取了一种非同寻常的做法，他决定为所有机芯制品装配一套微型转子，在最大限度上确保腕表的灵活性及复杂性。此外根据最初设计，此类腕表还应具有醒目的原创特征以及创新美学标准。1993 年，Calibre ASP 94 设计计划开始进入秘密研发阶段，然而由于该机芯在工作时噪音过大，难以与高级腕表相互陪衬，于是后来萧邦公司不得不放弃了该计划。直到 2005 年，公司才成功完成了这款 Calibre 1.96 优质机芯。

短短数年间，公司相继研发推出了总共五枚机芯制品——L.U.C 1.96、L.U.C 1.98、L.U.C 1.02（陀飞轮）、L.U.C 3.97（酒桶型），以及精密计时机芯 L.U.C 11 CF。其中大部分机芯都在萧邦公司研发部门 Chopard Technologies 的开发与引导下，相继进入了设计制造阶段。

时至今日，萧邦公司的生产基地已遍及梅林、普福尔茨海姆和弗勒里耶三大传统手工艺制造中心，同时还拥有无数的现代制表工匠、工程师、制造人员、设计师、金匠、车工、雕刻师，以及手艺高超的机器操作员。所有生产基地的员工主要负责公司的钟表及珠宝制造业务，曾先后将多款自上链式机芯及其他一些的主要部件推向市场。

2010 年是萧邦成立 150 周年的重要日子，满载着品牌的价值及创意，反映出该家族企业真正成功之元素。与此同时，为了满足广大参与者对奢华美学的深层追求，萧邦还决定在当年的海天盛宴上设置“萧邦珠宝及腕表展”，将萧邦极致完美的产品系列展现于来宾面前。

作为一家世界级卓越腕表及珠宝品牌，萧邦一直都致力将超凡创意带给每一位顾客，并且巧妙地将新颖设计、现代科技和传统工艺融合在一起。这种对奢华优美的热诚与执着，以及绝对完美的奢侈品享受，相信会让每一位尊贵客人使用过之后久久不能忘怀，这也正是萧邦的卓越魅力。

花卉造型粉红宝石项链镶嵌满各式顶级宝石，令一朵朵珠宝之花闪耀灿烂的光芒

克里斯汀·迪奥
CHRISTIAN DIOR

华贵优质的法国式优雅

常被人们简称为Dior或CD的克里斯汀·迪奥，向来都是炫丽高级女装的代名词。她选用高档、华丽、上乘的面料表现出耀眼、光彩夺目的高雅女装，备受时装界关注。她继承了法国高级女装的传统，始终保持着璀璨华丽的设计路线，做工精细，迎合上流社会成熟女性的审美品位，象征着法国时装文化的最高精神，在国际时尚界地位极高。

提起克里斯汀·迪奥，人们脑海中会浮现出其著名的黑白千鸟格图案，同时也会自然而然地想起出现在每一本服装相关书籍里、那张早已成为经典

迪奥珠宝受到热烈追捧

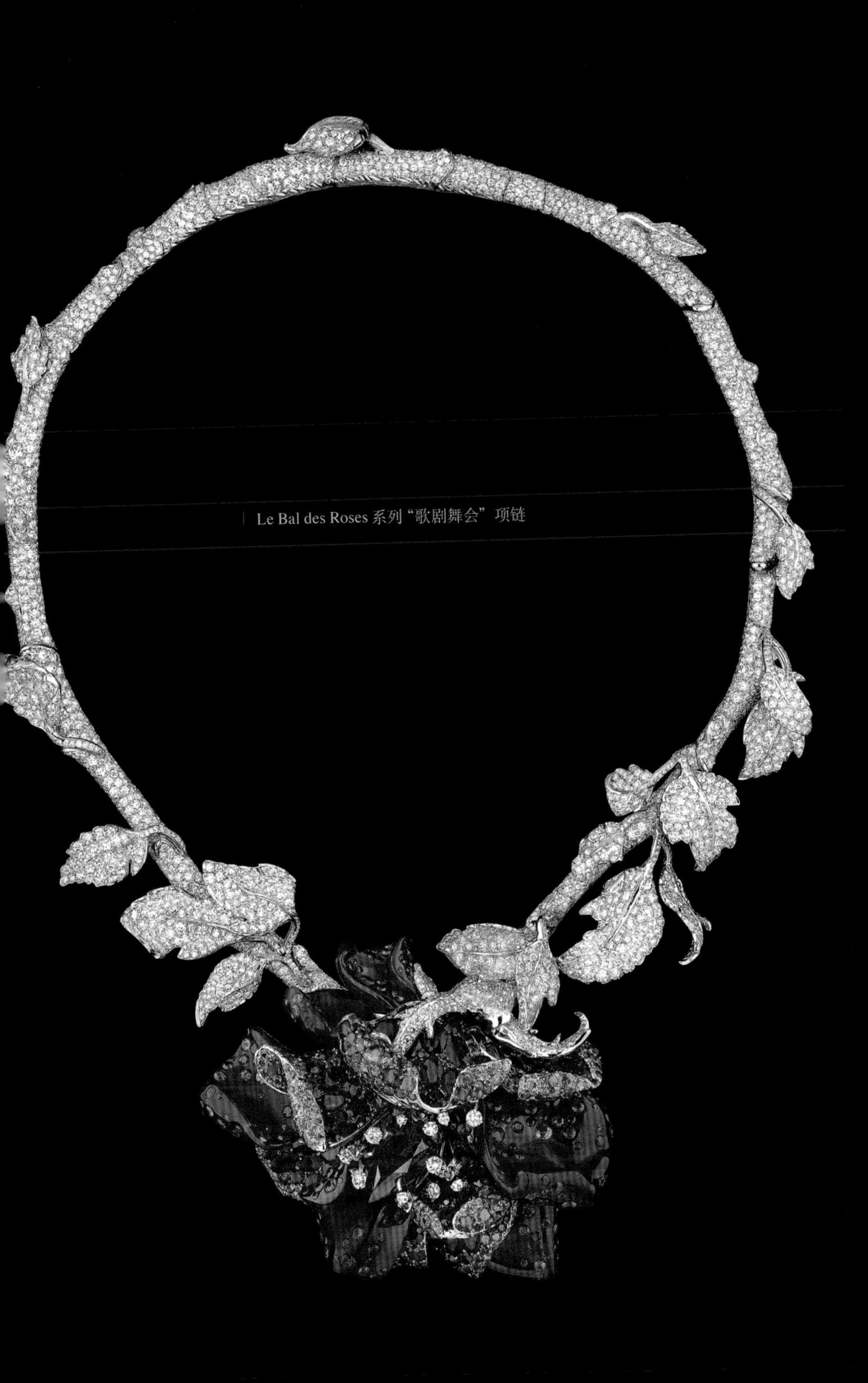

Le Bal des Roses 系列“歌剧舞会”项链

的黑白照片：一名站在塞纳河畔人行步道边缘的女子，戴着手套的双手摆出好看的造型，身后看不见尽头的石板路，仿佛喻义着流行的漫漫长路。

从 1947 年这张照片发表以来，迪奥已走了六十多年的时尚路途。自打 1947 年迪奥首次发布会以来，品牌的每一次新作推出，都会引起时装界及传媒的一致关注。如今，迪奥的品牌范围除了高级时装，更是早已拓展到香水、皮草、针织衫、内衣、化妆品、珠宝及皮鞋等不同领域，不断尝试、不断创新却始终保持着优雅的风格和品味。

1947 年，二次世界大战后的巴黎在重建世界时装中心的过程中，迪奥做出了不可磨灭的贡献。2012 年的今天，迪奥仍在持续带给人们装饰与穿着的全新体验。

出生于 1905 年 1 月 21 日的克里斯汀·迪奥 (Christian Dior)，从小在法国北方诺曼底海边的美丽海滨度假城市格兰维尔 (Granville) 长大。他的家庭在当时属于显赫的上流社会世家，父亲靠化肥生意成了一名成功富有的商人。

迪奥先生在家里五个孩子中排行老二，虽然家境富裕，但其父母对孩子的严格管教却毫不懈怠。孩提时代的小迪奥就对自然与花草有着非常特殊的

左图
迪奥的珠宝模特在尽情展示

中图
设计师与定制者进行珠宝定制设计的交流和沟通

右图
设计师在为定制者量身打造适合的珠宝

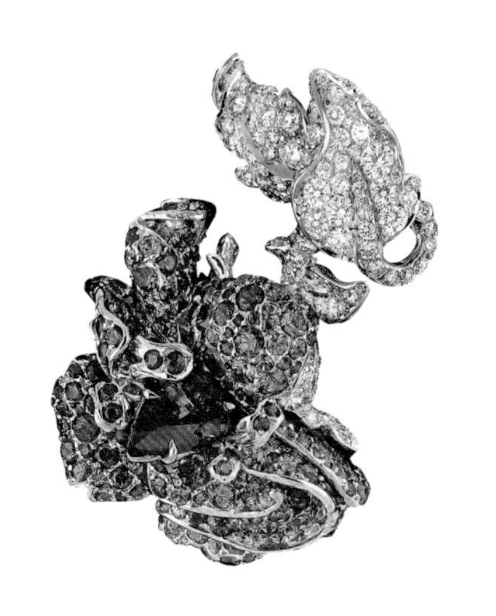

Bal de l' Opéra 耳环，白金叶片衔接着红色宝石，别开生面的设计为其赋予着不凡的灵气

喜好与兴趣，甚至成年之后，迪奥最喜欢的休闲活动仍是卷起衣袖、拿着锄铲在花园内种花除草。

迪奥的母亲因为自己一手照料的美丽私家花园在当时享誉远近，而至今迪奥家的花园仍是格兰维尔城里一个知名的观光景点。迪奥先生爱花的特性，也在他的作品中不断出现，例如他 1947 年的首次新装发表会，就被命名为"Flower Women"。他的许多服饰细节与刺绣设计，亦会用花朵的外形或色泽来作为灵感来源。在法国，为了赞誉迪奥先生对园艺的热爱，还有一种玫瑰花以他的名字为花名，即"Miss Dior"，"Miss Dior" 亦是他在 1947 年所推出的第一款品牌香水名称。

迪奥先生毕生对艺术的热爱与追求可谓是不遗余力。从小就喜欢绘画的他，经常会描绘一些市集景象，尤其是格兰维尔每年一度的嘉年华游行队伍中的马车、花簇及精心装扮的游客。

1910 年，迪奥跟着家人迁徙到巴黎。他与母亲的关系日渐亲密，由于母子俩同样都钟爱美丽的事

左图
Bal Bleu Nuit 戒指，盛放的玫瑰展露出它最绚丽的美态，层叠饱满的花朵被设计师密镶以各色宝石

右图
Bal d' Été 戒指，玫瑰梗缠绕着手指，令珠宝散发柔情诗意

物，所以迪奥先生经常会陪着母亲一同试穿选购新装。不过和多数人一样，迪奥的父母也认为像他们如此显赫家庭出身的孩子，应该有一分体面正经的工作，而不是整日沉迷于艺术与花卉中。

因此，当迪奥高中毕业后，当他提出自己希望进入艺术学院深造时，立刻遭到了父母的断然拒绝。注重家庭观念的他，为了尊崇父母期盼他成为外交官的心愿，不得不于 1923 年进入巴黎政治学院就学。但与此同时，迪奥也与家人取得妥协，在课余时间可以继续学习自己喜欢的艺术和音乐课程。

在求学过程中，迪奥开始接触到当时巴黎最时髦、最前卫的新鲜事物，如来自俄国的芭蕾和抽象派画家让·考克托 (Jean Cocteau) 等人的作品。他还遇到了一群与自己志同道合的朋友，而这些人此后在各自的领域亦都成了知名的佼佼者，如达达主义艺术大师达利、抽象派大师毕加索、音乐家亨利·索格 (Henri Sauguet) 与作曲家莫里斯·萨克斯 (Maurice Sachs) 等。

由于他将所有的时间与精力都花在了对音乐与艺术的兴趣上，使得巴黎政治学院不得不对他提出严重警告。1927年服完兵役后，迪奥的父亲实在抵不过他对艺术的热爱与付出，决定出资帮他开一家画廊，不过前提就是不准以家族的名字为画廊命名。于是，这家名叫 Galerie Jacques Bonjean 的画廊最终开幕，并且如迪奥所愿，画廊随即便展出了毕加索、达利、马蒂斯与布拉德等20世纪现代艺术大师的诸多作品。

1931年，迪奥的父亲经商失败，宣告破产，他的画廊也随之关闭；不久，他最敬爱与亲近的母亲也不幸去世。在如此沉重的打击下，迪奥无忧无虑的富裕青年时代就此宣告结束，他开始了居无定所，食不果腹的艰难生活。

不过，迪奥并没有因此而失去对生活的热忱与信心。他拿起画笔，在一位做裁缝的朋友那里觅得了一份画素描与纸样的职务，这虽是一份不起眼的工作，却成了他日后辉煌生涯的起点。

迪奥曾先后在巴黎服装设计师罗伯特·皮奎特(Robert Piquet)与卢西恩·勒隆（Lucien Lelong）门

Bal Romantique 耳环，含苞待放的玫瑰花，最是娇羞动人

下担任助理，学习如何制作高级订制服装的高深技艺。第二次世界大战期间，巴黎投降，迪奥被迫为德国纳粹军官的夫人们设计服装。不过讽刺的是，当时巴黎缺乏水电粮食，甚至有些人还没有衣服穿，而法国人引以为傲的高级订制服传统，却被保存了下来，并发扬光大，成了现今代表法国文化的重要元素之一。

第二次世界大战结束后，迪奥在偶然的机会下巧遇商业大亨马切尔·博萨克 (Marcel Boussac)，当时这位有钱人正在物色一位设计师来共同合作进军时尚事业。两人一拍即合，于是在 1946 年，拥有 85 位员工、投入 6 000 万法郎资金的第一家 Christian Dior 专卖店，于巴黎最优雅尊贵的蒙田大道 (Avenue Montaigne)30 号正式创立，全店装潢以克里斯汀·迪奥先生最喜爱的灰白两色与法国路易十六风格为主。

1947 年的纽约之行，让克里斯汀·迪奥先生了解到美国女人对时尚的看法与欧洲女性不同，并且让他体会到了美国市场的无限潜力。于是在 1948

Bal de Mai 耳环，冈维拉的玫瑰，是迪奥先生最喜爱的图案

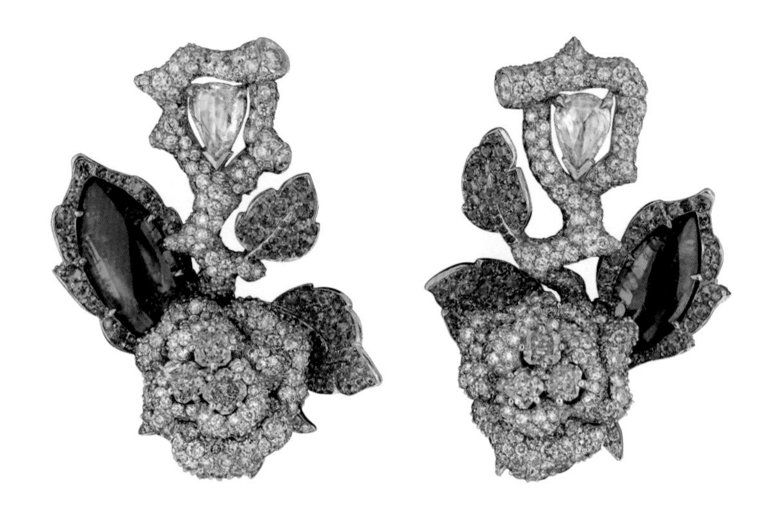

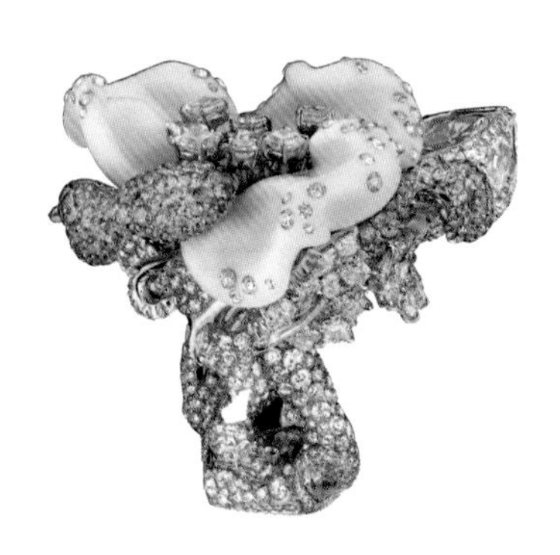

左图
Bal Vénitien 戒指，橘色拱卫着石榴红的宝石熠熠生辉

右图
Bal Champêtre 戒指在黄钻的衬搭下，淡绿色的绿玉髓将珠宝变得不同寻常

年，另一家 Christian Dior 专卖店在美国纽约最热闹的第五大道与 57 街交界处创立。同年，迪奥先生还被授予美国内曼·马库斯奖 (Neiman Marcus Award)；1950 年，法国又为其颁发了“荣誉勋位团”勋章 (Remise de la Legion d'honneur)。

1949 年，克里斯汀·迪奥先生成为世界首位签署授权合约的女装设计师，美国首张裤袜授权合约 Christian Dior Hosiery 于当年签订。而 Christian Dior 这个代表着法国时尚的高级品牌，从此也不再只是欧洲皇室名门淑媛或电影明星们的专利。

1957 年，克里斯汀·迪奥先生在意大利因心脏病突发离世，享年 52 岁。

1996 年，美宁玩具公司特别制作了“New Look”芭比娃娃玩具，以纪念这位设计大师。目前，该系列洋娃娃已成为珍稀的纪念品，市场标价超过 100 美元，可见迪奥先生在人们心目中的地位。

1998 年，维克多·卡斯特兰 (Victoire de Castellane) 担任迪奥品牌高档珠宝部主管，当今女士佩带的 Dior 高档珠宝首饰从此诞生。在迪奥先生的自传《Christian Dior 与我》中，他回忆起大庄园的时候感慨道:“在我的作品中，淡淡的浅粉红配搭沙砾灰，一直是我最喜爱的颜色。”

迪奥之所以能够成为经典，除了其创新中带着优雅的设计风格之外，品牌亦培育出了许多优秀的年轻设计师——伊夫·圣·洛朗 (Yves Saint Laurent)、马克·博昂 (Marc Bohan)、奇安弗兰科·费雷 (Gianfranco Ferre)、约翰·加利亚诺 (John Galliano) 等。

在迪奥高级珠宝的广告中，时尚的 Dior 公主置身于时代布景中，穿起 1951 年的“Tableau Final”裙子，在裙摆上的蜀葵花花冠中，你能够发现玫瑰的踪影。玫瑰与迪奥先生的故事，始于 1906 年法国诺曼底冈维拉的崖顶，在迪奥先生只有一岁的时候，他的父母购入了一座大庄园并开始种植玫瑰，亦因此植下了少年迪奥钟情于玫瑰的命运。

冈维拉的玫瑰，橙粉红的、黄粉红的、粉白的，通通都成了迪奥先生最喜爱的图案，晚装上还不时可以发现玫瑰图案、刺绣和浮花织锦。玫瑰亦成了他平日生活的一部分。他热爱搜集有玫瑰图案的瓷器，利用它们装饰蒙田大道 Grand Salon 里的十八世纪壁炉架。当然，在他那邻近巴黎的花园内，玫瑰亦顺理成章地享有着最高地位。

今年，Dior 之花为 Victoire de Castellane 的 Bois de Rose 珠宝系列提供了无尽、辽阔的灵感。她以白钻或彩钻配衬 Rose Dior Bagatelle 戒指，在 Rose Dior Pré Catelan 珠宝系列中大胆采用珊瑚、玛瑙、玉髓及粉红水晶，甚至在 Précieuses Rose 珠宝系列里利用玫瑰环绕着当中的宝石。

迪奥高级珠宝系列是设计师维克多的灵感之作。它的风格永恒经典、清新自然、典雅精致。戒指、手镯上相互交织的缎带和丝线注入了浮雕效果，而

Bal de Mai 项链，翠绿色搭配粉色的设计令此件珠宝光彩耀人

压印效果让珠宝外观更加精良，脱蜡铸造技术更是为系列产品注入了灵魂。

迪奥 My Dior 高级珠宝系列是一段萦绕心间的美好回忆，是始终伴随着迪奥的悠扬旋律，每个人都有着独特的诠释。外观犹如一片金质的丝网，又如一席藤编制品，让你不禁联想起一条精美的缎带，它象征着友谊与爱情的相互交织。珠宝设计师维克多从 50 年代的古董珠宝中汲取灵感，用钻石、欧泊、祖母绿石、蓝宝石、紫水晶等稀有的彩色宝石打造出戒指、耳环、手镯等八款珠宝作品。

迪奥以美丽、优雅为设计理念，以品牌为旗帜，以法国式的高雅和品位为准则，坚持华贵、优质的品牌路线，迎合上流社会成熟女性的审美品位，始终如一地表达出时尚女性的特质——性感自信、激情活力、时尚魅惑，在历史的长河中赋予了众多传统女性一股既时尚又奢华的完美感受。

玳美雅
DAMIANI

联系过去与未来的情感宝藏

玳美雅集团的母公司是 Damiani S.p.A，是一家历史悠久、引领业界的意大利珠宝及高端奢华腕表制造和贸易公司。自 1924 年以来，玳美雅品牌在意大利乃至国际市场均赢得了卓越的声誉，从而也成了意大利风格的使者和最为优秀的意大利珠宝传统的代名词。

创造力、非凡设计以及创业精神，是近一个世纪以来驱动玳美雅家族不断前行的关键元素，而对于艺术的深厚热情，也同样从祖父辈传到了今天掌控公司的第三代人身上。

早期的制作工坊

玳美雅 Paradise 系列白金镶钻石戒指，这系列灵感来源于群星闪耀的夜空之美，将恒星及其他天体生动地带到我们身边

左图
玳美雅品牌创始人 Enrico Grassi Damiani

右图
工匠在对首饰进行手工雕琢

近百年来的优秀传统，使得玳美雅集团以出众的产品质量、材质以及独特的设计而闻名；而创新的市场营销策略和管理团队，也被认为是玳美雅在国际珠宝界能够取得如此领导地位的两大重要因素。玳美雅集团的成功，是完美结合创造、研究以及创新，并融入深厚的国际级珠宝制作传统的必然成果。

如今的玳美雅，足以骄傲自豪地面向世人宣称自己对一系列声名赫赫的名牌的所有权：德米亚尼(Damiani)、萨尔维尼 (Salvini)、艾法利·约翰 (Alfieri & St.John)、必列斯 (Bliss) 和卡尔德罗尼 (Calderoni)。目前，该集团和一众子公司正活跃于意大利及全球各大主要市场，管理着 32 个直接经销商和 50 多个特许经营销售点。这些销售门店均位于世界各主要城市的最繁华商业区域。

瓦伦萨，意大利珠宝传统之乡，这里同时也是意大利高端珠宝领导品牌传奇历程开始的地方。

玳美雅家族制作珠宝的历史可以追溯到 1924 年，创始人德米亚尼先生在意大利瓦伦萨成立了一间小型的工作室。玳美雅华丽的珠宝设计风格让德米亚尼的名声迅速扩张，同时也令其成了当时众多顶级家族的指定专属珠宝设计师。

在德米亚尼先生过世后，他的儿子也就是第二代传人在依循传统的设计风格之外，为品牌添加了摩登与流行的创意元素，同时还积极将德米亚尼工作室转型成为一家珠宝品牌，并且以独特的 Lunette（半月形钻石镶嵌）技法，重新诠释并释放出璀璨的钻石光芒。

从 1976 年开始，玳美雅公司对自身的宣传推广风格也做出了不少改革，成了珠宝界的先锋，在客户中声望卓著，同时还邀请了世界上最好的摄影师前来为其拍摄产品。

很快，玳美雅的作品陆续获得了国际钻石大奖（其重要性犹如电影艺术的奥斯卡奖项）多达 18 次的肯定，从而也让玳美雅真正在国际珠宝市场占有了一席之地。

紧接着，好莱坞明星布拉德·皮特便成了玳美雅的忠实顾客。后来，布拉德·皮特更是与品牌设计总监 Silvia 一同，完成了送给珍妮弗·安妮斯

精密的仪器渐渐取代了手工雕琢成为最主要的“制作者”

操作精密仪器来进行产品的制造

顿的玳美雅订婚戒指与婚戒，即两件在日本国内疯狂热卖的 Unity（现改名为 Dside）与 Promise 系列，至此也让布拉德·皮特多了一个珠宝设计师的全新头衔。

秉承忠于传统的精神，家族第三代领导者同样以满腔的热情和创造力沿袭着先辈之路，扩大发展进程，多年来在全球各国开设了国际子公司和专卖店，将一个家族企业成功转变成为一家集团公司。

2007 年，玳美雅集团在意大利证券交易所上市；如今玳美雅已经是意大利珠宝市场的领导者，并且成了世界上公认的高端意大利风格传统的代名词。

伊莎贝拉·罗西里尼、娜塔莎·金斯基、齐雅拉·马斯楚安尼、米拉·乔沃维奇、格温妮丝·帕洛特、索菲娅·罗兰、莎朗·斯通等明星名人，也都与玳美雅有过密切合作，甚至于连不少各国王妃和首相们也都是这家公司的老牌客户。

纯手工制作、对细节方面的精益求精、在设计

德米亚尼 Cincilla 钻石手镯，
风格尽显雍容华贵

索菲亚·罗兰 (Sophia Loren) 系列珠宝通过圆环底座，玫瑰金、钻石等来表现 Sophia Loren 独特的个性和人格魅力

方面的创造与学习，以及一流的制造材质，一并成就了玳美雅伟大的珠宝艺术杰作。

玳美雅以高水准的设计、品位，以及熟练的工艺，创造出独一无二的珠宝作品，是美与和谐的完美体现，其中一些更是运用高端专业技能的真正大师之作。多年来，玳美雅的“大师杰作”已经取得了无数的奖项和认可，尤其是钻石国际大奖，这一主要用来表彰顶级设计与钻石珠宝作品的业内奖项。

玳美雅所有的供应商，均是按照联合国关于钻石产地和证明的章程进行严格挑选。遵守金伯利进程，高度关注钻石的合法来源，不接受来历不明的货源，响应关于尊重和维护钻石劳工的号召，这些都是玳美雅最根本的企业价值标准。

时至今日，玳美雅依旧保持着自己家族企业的基因，如今的带头人为家族第三代传人：Guido、Giorgio 还有 Silvia Grassi Damiani，都是公司创始人的孙辈。玳美雅是个地地道道的意大利公司，并且依旧保持着独立性和自己的哲学，专注于“意大利风格”和珠宝制作传统。

玳美雅成功地结合了精湛工艺，公司深深根植于瓦伦萨珠宝制作地，同时又融合了一股放眼未来的先锋精神。

玳美雅的产品第一次获得钻石国际大奖是在1976年，当时奖项颁给了公司的珠宝作品“Bocca di Squalo”，一款由铂金和黄金制成的无价手镯，密密镶满了醒目的白色和浅黄色钻石，由Gabriella Damiani设计完成。

除此之外，玳美雅珠宝同样还获得过数不清的国际奖项，其中最重要的便是Eden手镯2007年版和Isotta手镯2010年版本，两件作品均获得了“中东钟表、珠宝及书写工具大奖”；与此同时，Valencienne手镯还在2009年取得了首个“Vogue Joyas首饰奖”，Peacock项链更是曾在2010年取得了著名的“Couture设计奖”。

Paradise系列白金镶钻石耳环，特色是其圆形设计以及将钻石打造得别致而让人惊艳

玳美雅其他一些融合了高品质、精致工艺以及无与伦比工艺气息的作品，也都曾取得过巨大成功——玳美雅出品的项链、手镯、指环还有耳环，统统都有着独特的设计、充沛的激情以及玳美雅所引以为傲的高端珠宝传统。

此外，社会承诺同样也代表了玳美雅最为基本的一大企业元素。玳美雅以简洁而实际的姿态，与世人分享的精神和价值观念始终都保持了一致。

2010 年，玳美雅与好莱坞影星莎朗·斯通合作推出了一项人道主义项目，旨在帮助人们远离致命病毒，能够喝到清洁的饮用水。

为了完成这一项目，Giorgio Damiani 和莎朗·斯通一道前往乌干达和南非，近距离接触到了那些每天都要为获得清洁水源而苦苦挣扎的人们。由于非洲是世界钻石产地的中心，这一项目的内在含义自然也是显而易见。

此后不久，一个相关的珠宝系列便诞生了：Maji 系列；这一珠宝产品的部分收入，被捐赠给了那些负责在非洲村庄内帮助当地人打井以发掘出清洁水源的人道主义机构。

Metropolitan Dream 系列戒指现代感十足的线条，为追求现代和精致风格的女士们带来一见钟情的感觉

玳美雅孔雀系列项链，逼真华丽，可以看出玳美雅对细节的关注以及娴熟的工艺

Maji 系列这一中性系列被设计成为了定情信物的模样：饰品采用了圆钻、抛光的黄金以及银等贵重材质。采用黄金制成的第二批 Maji 系列产品，同样镶嵌以圆钻材质，外形极为别致，充满了温暖的非洲魅力。

2010 年 11 月，清洁水项目迎来了首个重大成功，“桶里的一滴水”组织已收到第一张捐赠支票以及来自德米亚尼家族的私人捐款，这笔钱款可用于在非洲境内建造 50 座全新水井，为超过 1 万人提供清洁的饮用水水源。

在纪念日、传统庆典，抑或是某些非传统节日的特别时刻，银、铂金或者金饰饰品，都是表现这个纪念时刻最重要和最永恒的一种表达方式。在每一个重要时刻，玳美雅经典的结婚对戒和传统的订婚戒指，都是珠宝饰品最终极的礼物，极富象征及永恒意义。

自古以来，婚礼珠宝都是人生中这一特别时刻所不可或缺的珠宝饰品。此类珠宝牵涉到人们之间无形的社会联系，以及一种极为个性的有形象征。无论哪个时代，珍贵的礼物都是优美而又永恒真挚的，而按照传统赠予的礼物，也已经成了表现该纪念时刻重要性与永恒价值的最佳途径。

最应当用玳美雅珠宝好好纪念的重大时刻之一，便是结婚纪念日，这一时刻的纪念物，无疑带有永恒的象征价值。素戒，或者镶有 3 颗或 5 颗宝石的戒指，都是庆祝结婚纪念日的传统礼物，一直以来，这种戒指的设计和风格都非常百搭，它是女士珠宝中经典的常青树。

而铂金、钻石珠宝、优雅的女士指环、传统的珍珠或宝石项链、经典的手镯、奢华的手镯腕表和

左页图
佩戴着精美玳美雅 Rose 系列首饰的莎朗斯通 (Sharon Stone)

Rose 系列戒指阐释了玫瑰的象征和传统，浪漫但同时又不失现代的柔和以及女人味

典雅的男士袖扣，也都是男女式珠宝中非常适用于个人或情侣间特别时刻出现的理想礼物。

玳美雅卡门珠宝系列是以令人难忘的卡门歌剧旋律为灵感来源。极其精致的外形设计，深红色的玫瑰与枝叶相互缠绕，采用了玫瑰金、抛光金、紫水晶、粉色蓝宝石及钻石，总计近 30 克拉，需要瓦伦萨的珠宝工匠们耗时超过 5 个月完成。

玳美雅孔雀系列则有着优雅平衡的比例和顶级的珠宝手工工艺，超过 20 万颗精挑细选的宝石，赋予了这一变幻万千的珠宝杰作强大的视觉冲击力。

在玳美雅深海美杜莎水母中，深邃的大海赋予了这一自然风格系列以神圣灵感，重新演绎了水母的色彩与外形。无尽细密的底托上镶嵌了超过 2 000 颗精心挑选、从深到浅不同颜色层次的蓝宝石，耗时超过 8 个月。

而玳美雅 Cincilla 系列则重现了珍贵皮毛领圈的感觉，在抛光金上镶满白色和灰色的钻石。瓦伦萨的珠宝工匠们需耗时 3 个多月才可完成这一色泽和谐、极富柔顺感的典雅作品。

除了各种系列，玳美雅还创作出各种限量版产品以及独特的孤品杰作，此外有时还会特别根据客户的要求对饰品进行个人定制。每一件玳美雅珠宝饰品都是财富的象征，以一个个遥远而美丽的传说为灵感，用精细做工和精致设计讲述那些高级珠宝背后的故事，可以一代一代不断传承下去。玳美雅是过去与未来间牢不可破的联系、情感的宝藏，代表了品牌最为纯粹的价值观念。

玳美雅 Vulcania fancy 火山系列光彩照人的项饰

大卫·约曼
DAVID YURMAN

舒适中流露优雅

坐落于纽约麦迪逊大道 712 号的珠宝旗舰店

自 20 世纪 70 年代创立品牌以来，激情洋溢的美国设计师大卫·约曼 (David Yurman) 与自己的妻子西比尔 (Sybil) 一同，凭借夫妻俩过人的才华与独特的风格，书写了一段至真至纯、极具美国风韵的珠宝品牌成名传奇。

艺术灵感一向都是大卫·约曼的品牌核心基础。大卫曾是一位雕塑家，有着 20 多年的艺术功底，他的妻子 Sybil 则更擅长市场营销与推广，同时也对色彩和艺术有着非凡的个人见解。两人各自施展与生俱来的艺术天赋，30 多年间先后推出了一系列融合了艺术与时尚内涵的珠宝设计，赢得了世人的广泛关注。

时光穿梭，进入2012年，大卫·约曼的身影也开始出现于全球各国顶级高档街区的流行精品店内，带有“David Yurman”标志的珠宝，也在诺德斯特龙(Nordstrom)、布鲁明戴尔百货店(Bloomingdale’s)、萨克斯第五大道精品百货店(Sake Fifth Avenue)和尼曼(Neiman Marcus)等奢侈品百货公司内，面向广大奢侈品爱好者出售。不久前，大卫·约曼还刚刚在纽约开设了一家旗舰店，同时还在巴黎春天百货奥斯曼总店的新开专营店引入了一系列最新最炫的珠宝作品。

尽管大卫·约曼的奢侈饰品设计已经畅销了30多年，但这家品牌最著名的招牌设计其实只有一个，那就是将纯银扭曲制作成极具简约主义内涵的“绳索状”珠宝首饰。

绳状首饰系列将美艺珠宝与华丽时装融为一体，时至今日仍旧经久不衰。大卫·约曼标志性的Cable Bracelet手镯首度问世于品牌创立三年后的1983年，紧接着，该系珠宝作品便被融入了一系列金银珠宝，例如男士系列、贵宝石系列，以及腕表和新娘系列等众多家族成员。

左图
创始人大卫·约曼夫妇

右图
艺术灵感，一向都是大卫·约曼的品牌核心基础

极具美国风韵的男士 Pave 系列项链

尽管创立于20世纪80年代初期，但从很早的时候起，大卫·约曼就已经开启了自己无比钟爱的珠宝设计生涯。大卫1942年出生于美国纽约，从小就对雕塑设计有着浓厚兴趣，经常会在小木块和肥皂上雕刻自己喜欢的东西；不久后，他更是学会了在钢铜材料上进行手工艺焊接。青年时期的大卫，先后师从数位国际雕塑大师学习精湛雕刻技术，如古巴雕刻师 Ernesto Gonzales、立陶宛雕刻艺术家 Jacques Lipschitz、普鲁士艺术大师 Theodore Roszack 等。

在跟随荷兰雕刻家汉斯·凡·德·伯文卡普 (Hans Van de Bovenkamp) 学习手艺期间，大卫遇到了一位名叫西比尔·克兰洛克 (Sybil Kleinrock) 的学徒同伴，再后来，Sybil 便成了他的妻子。1970年，这对夫妇一同创立了一家名为 Putnam Art Works 的艺术品设计公司，约曼后来还为妻子亲手雕刻了一件青铜链带，也正是这件小小的艺术品，开启了约曼在未来的珠宝设计道路，同时也让这位美国设计师了

激情洋溢的美国设计师大卫·约曼

Cable 系列手镯，简单而又细致的扭绳状饰品

解到了珠宝镶嵌技术的真谛。

1979 年，两人已经完成了众多在美国国内家喻户晓的珠宝作品，约曼更是获得了由美国工艺理事会所授予的三项荣誉证书；与此同时，夫妻俩还在美国著名的 RJA Show 上，开设了自己的首个“设计师新秀”画廊。

随着名气的不断提升，两人便开始考虑成立自己的珠宝公司。1980 年，约曼与妻子如愿以偿地创立了以自己名字为品牌的 David Yurman 珠宝公司。同年，公司便荣获了世界黄金协会的陪审团大奖；一年后，约曼又被美日珍珠养殖协会评选为当年的“年度设计师”。

大卫·约曼经典的 Cable Bracelet 系列问世两年后，这家珠宝公司又收获了世界黄金协会所颁发的另一项重量级奖项——Intergold 大奖。

1987 年，大卫·约曼珠宝公司于国际市场享誉盛名的瑞士巴塞尔珠宝及钟表展首度亮相。巴塞尔世界可谓是全球顶级珠宝与钟表产品的“圣殿”，能够参与这一知名展会，也让这家成立仅仅七年时间的珠宝公司在国际市场一鸣惊人；随即，大卫·约曼便晋升为一家国际级珠宝品牌。

此后十年间，大卫·约曼品牌不断面向全球各地扩展版图。1994 年，大卫·约曼将品牌最为经典的美式风格设计与瑞士精湛的制表技艺融为一体，推出了重量级的大卫·约曼 Cable Watch 系列。这款腕表设计完美结合了男士珠宝的阳刚与女士珠宝的典雅，此后，公司又再接再厉，推出了更多极具品牌特征的经典腕表系列产品。

2000 年，大卫·约曼公司将品牌阵营一路东扩至美国东海岸，在纽约最著名的麦迪逊大道开设了一家旗舰店铺。在随后不久的 2003 年，大卫又将品牌总部迁到了纽约百老汇附近的特里贝克地区，

色彩浓艳的宝石戒指尽展设计师的功力

Cable Wrap系列光彩熠熠的
宝石项链

原因是这里距离大卫的家乡仅有咫尺之遥。

紧接着，这对夫妻的儿子埃文·约曼进入公司管理层。年轻的埃文出生于1982年，2004年正式加入家族公司，主要负责品牌当时正蓬勃兴盛的男士配饰产品领域。

同年，公司在瑞士拉夏德芬成立了David Yurman SA公司，期望进一步巩固品牌在腕表领域的研发、制造与物流等业务。与此同时，就在公司庆祝成立25周年前夕，大卫夫妇还收到了JIC Gem Awards所颁发的“终身成就大奖”。

在那以后，大卫便决定以多样化、新方向的全球化视角，对公司进行革命性创新。2006年，公司任命保罗·布卢姆(Paul Blum)为CEO，目的是为了协调公司业务运营，大卫夫妇继续担任产品设计主管(兼公司总裁)和公司的首席营销官(兼主席)职位。

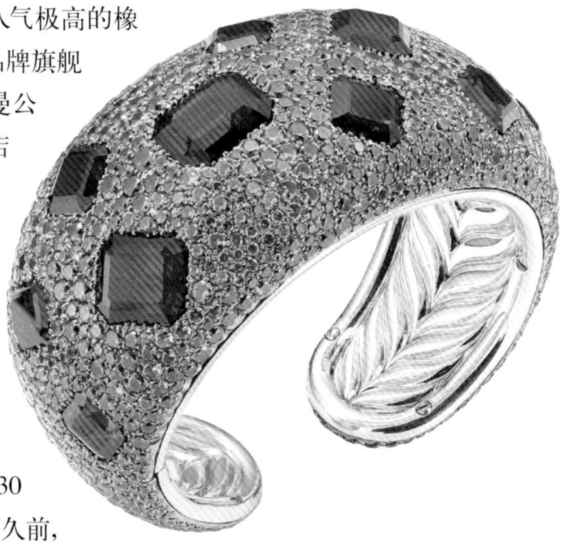

独一无二的红碧玺及变色石榴石手镯

随着品牌逐步将发展战略转至美国西海岸，大卫·约曼珠宝公司又先后在洛杉矶群星荟萃的比佛利山，以及芝加哥人气极高的橡树街等地，开设了两家品牌旗舰店。2007年，大卫·约曼公司共开办了13家精品店铺，公司阵营已经横跨整个美国大陆。2008年，这家美国珠宝商开始将市场业务扩展至美国以外的全球市场，如香港、澳门、迪拜、莫斯科等。

为庆祝品牌成立30周年，大卫·约曼公司不久前，又刚刚开设了一家全新的纽约麦迪逊大道旗舰店。店铺共有五层，其中三层空间都为零售区域，同时店内还以不同装饰向消费者和观众介绍着大卫·约曼品牌 30 年来的品牌发展历史。坐落于纽约麦迪逊大道 712 号的这家旗舰店，在占地面积上也比此前的旗舰店多出三倍，达到了 200 多平方米。

“我的首饰不仅要配搭舒适，同时还要具有实用性与通用性。无论走到哪里，你都可以从早到晚地戴着它，就像是你的牛仔裤一样，只不过它要比牛仔裤贵多了……”大卫曾用这样一番话来描述自己的珠宝首饰作品。

大卫·约曼的产品风格，主要是款式简洁和做工考究。这些珠宝、首饰和名表无一例外，都非常适合于亚洲女性和时尚男士。大卫·约曼的产品在全国各大城市的大卫·约曼授权分销商处对外销售，包括上海、北京、深圳和广州等。

大卫·约曼珠宝配饰产品系列包括 Diamond Crossover Bracelet、Belmont Silver Dial Watch 和 Renaissance Earrings。Diamond Crossover Bracelet 是一款大卫·约曼女装手环，Belmont Silver Dial Watch 则是大卫·约曼女装名表，而 Renaissance Earrings 是一款大卫·约曼女装耳环。

Diamond Crossover Bracelet 手环，是大卫·约曼绳状首饰中的优雅作品之一，这款首饰设计简单而又细致，采用了水晶钻石和精镀 14K 白金。

Belmont Silver Dial Watch 名表具有一种独特的怀旧时尚，表盘采用了珍珠色设计。表带采用纯银和 14K 白金联合打造而成，具有日期显示和防水功能。

Renaissance Earrings 耳环设计细致而又美丽，

极具文艺复兴时期的经典风格，尽显金银糅合所幻化的动感色彩。大卫·雅曼的设计灵感，大多都来源于大自然。在2011年的巴塞尔世界上，大卫·雅曼的Lantana系列及Starburst系列的震撼亮相，让无数观众惊叹不已。Lantana系列灵感来自马缨花，当中的豆荚形状勾勒出一种如真花般的种子荚造型，形态自然生动，立体造型设计线条修长，散发出一种独有的女人味与优雅气质。

而Starburst系列则是继春季Midnight Melange和Starlight系列之后的又一章节；该系作品延续了大卫·约曼对璀璨夜空的深深迷恋，华丽而又简约、洁净而又典雅的线条，无疑是品牌极致手艺魅力的完美折射。

进入2012年，大卫·约曼再度推出了众多同样光彩夺目的高级定制珠宝系列作品。华丽非凡的湖

左图
简洁男士 tag 款项链

右图
典雅而不失奢华感的男士 Curb Chain 系列手链和戒指

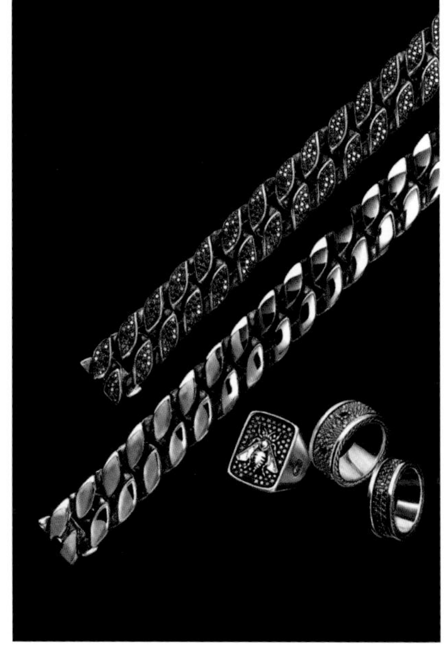

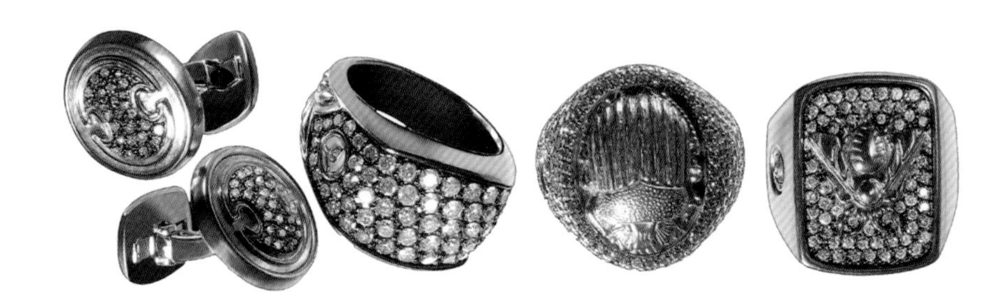

做工考究的Petrvs系列和Chevron系列男士戒指和手工袖扣

水蓝碧玺钻石项链、惊艳的黑色蛋白色钻石、四叶片耳环、前卫的南海珍珠钻石项链、精雕细琢的绿宝石配彩色石榴石手镯，以至帕拉伊巴碧玺钻石编织式耳环等作品，在外形上堪称独一无二，以崭新的设计角度，展现出名贵宝石的动人美态。

高级订制珠宝系列蕴含品牌的哲学、富于时代感而永不过时的美学传统，经典扭索、金属雕塑形态及四叶片元素云集其中，辅以色彩浓艳的宝石及大胆创新设计，尽展设计师对色彩的迷恋以及驾驭色彩的功力。

大卫·约曼湖水蓝碧玺钻石项链，共镶嵌了13颗坐垫形蓝碧玺（238克拉）以及2 799颗GH/VS级别美钻（70克拉）。大卫·约曼家族专程从纽约远赴泰国搜罗这批产自南非的顶级蓝碧玺，对此品牌创始人大卫·约曼表示："这批碧玺的浓艳色泽及净度，比其他碧玺更胜一筹。"这款项链的镶嵌技术，同样也是独树一帜——铂金镶水晶及珍珠背母托底，经典的四叶片造型环抱着每一颗碧玺，镶工无瑕，零售价为1 550万港币。

另一款佳作，则是独一无二的绿宝石配彩色石榴石手镯。44颗重49.46克拉的哥伦比亚绿宝石搭配以 47.4 克拉的石榴石，美得让人窒息。钛金属及纯银托底，锯齿图案造型，同样也是大卫·约曼品牌的经典设计元素，熨帖的手镯弧度，则将每一颗宝石的光华及净度发挥得淋漓尽致，其零售价为 107 万港币。

历经 30 年的艰苦历程，大卫·约曼现已成功达到了品牌的发展巅峰。与此同时，大卫·约曼却并不会就此驻足，而是会继续将品牌秉持的奢华气质与完美工艺进一步推向全球。

Sculpted Cable 系列手镯，舒适中流露优雅的珠宝设计理念

戴比尔斯
DE BEERS

钻石恒久远，一颗永流传

钻石恒久远，一颗永流传。凭借这句 20 世纪最经典的广告语，全球采钻技术行业翘楚戴比尔斯（De Beers）走进千家万户。秉承 120 年无与伦比的优秀传统，它用全世界最天然、最出色的钻石，打造出精美绝伦的钻石珠宝。它的优秀传统与古老钻石的天然之美相得益彰，珠宝制作专业知识更是让一颗颗钻石焕发出了生命的活力。

戴比尔斯一丝不苟的分析源自对钻石独特晶体结构、基本的 4C 标准和分级报告的深刻理解，但又远远超乎于这些传统的评估。戴比尔斯钻石研究院的专家们会逐一评估每颗钻石在车工、比例和天

左图
戴比尔斯一丝不苟的分析源自对于钻石独特晶体结构的理解

右图
用基本的 4C 标准和分级报告进行切割

Talisman 系列 18K 黄金戒指。黄金戒指与美丽的白色和炫彩天然原钻及抛光钻石共同演绎原始护身符的极致高雅

然透明度等方面的完美程度，以确保每颗戴比尔斯钻石都能展示出无与伦比的闪耀度，具有出色的火光、生命力和亮光，令钻石每时每刻都可捕捉光线，闪耀出璀璨夺目的光芒。

戴比尔斯是全球最大、历史最为悠久的钻石矿业公司，创立于 1888 年，如今已是世界钻石界的权威。戴比尔斯的业务分为钻石矿业和珠宝两部分，戴比尔斯珠宝创立于 2001 年，由全球排名首位的钻石开采与营销公司 De Beers SA 负责独立管理及运作，隶属于全球最大的奢侈品机构——法国路易威登集团。

除了开采及生产钻坯外，戴比尔斯更肩负起了

左图
钻石每时每刻都捕捉光线，闪耀出璀璨夺目的光芒

右图
钻石始终都是戴比尔斯设计的灵感源泉

为全球大部分钻石分类、评级、估值及销售等相关工作，其业务涉及“钻石供应线”的各个范畴，从找矿探勘、开采、切割、打磨、设计，直到抵达消费者手中的所有环节。戴比尔斯经营全球 19 个钻石矿，生产全球超过半数的钻石产品，并与非洲扎那、纳米比亚及坦桑尼亚等政府联合经营钻矿。从这些钻矿开采出来的钻石，以及由其他来源得到的钻石，全部都由戴比尔斯以伦敦为基地的中央统售机构对外售出。

戴比尔斯钻石研究院院长安德鲁·考克森(Andrew Coxon）是全球一流的钻石专家，他曾说过:“如果钻石不具备我们的完美要求，我们便会统统予以拒绝；我们拒绝的钻石，要远远多于选中的钻石。”“最重要的因素是，钻石的观感如何？钻石如何刺激眼、脑和心？太多的钻石在切割时只会考虑最佳分级证书和最大重量，而不是最美的外观。”戴比尔斯利用其独一无二的优秀传统，选择美丽出众的钻石，钻石始终都是戴比尔斯设计的灵感源泉。从设计理念到最终成品，技艺精湛的戴比尔斯工匠始终都采用最高水准的加工工艺。

19 世纪 70 年代，南非大矿业公司纷纷兴起，由于开采和销售方面杂乱无序，使得钻石原石市场十分混乱，钻石价格大幅度下跌，一些小型采矿企业逐渐消失。戴尔比斯矿只是其中一个以矿山命名的采矿公司，即戴比尔斯钻石矿业公司。戴比尔斯钻石矿业公司创始人塞西尔·罗兹认为，面对混乱，当务之急便是建立一个稳定而秩序井然的钻石原石市场体系，所有的钻石原石都应当由一家唯一的销售机构来出售。这个机构应具有强大的经济实力和丰富的经验，这样可调节钻石的需求走向，确保市场的稳定。抱着这样的创业理念，戴比尔斯钻石矿业公司在买下一个又一个钻石矿山后，便于1888年与金伯利钻石采矿公司合并成立戴比尔斯联合矿业公司，总部设在南非的金伯利市。

紧接着，奥本海默爵士接任戴比尔斯董事会主席，使得戴比尔斯联合矿业公司进一步发展成为戴比尔斯联合矿业集团公司，戴比尔斯也在此时终于成了一家国际性的钻石矿业公司，并于20世纪30年代初建立了中央销售组织（CSO）。

专家们会逐一评估每颗钻石在车工、比例和天然透明度等方面的完美程度

Talisman 系列 18K 黄金单颗美钻戒指，圆形明亮型车工钻石衬托下展现了天然原钻的自然美态

该公司成立的宗旨，是以其卓越的组织力和庞大的财力，联合各国独立矿山，形成一个采购与销售于一体的大型机构，在钻石的供求量上予以灵活调节——在经济萧条时期紧缩钻石的供应量，以维持钻石的价格不致下跌；在经济景气时放宽钻石的供应量，以满足市场的需求，并抑制钻石价格的过分上扬，使得钻石价格能够维持稳定增长的势头，令钻石成为值得人们信任的投资工具。当时，该组织控制着世界钻石产量大约 70% 的几个生产大国（或生产矿山）的全部钻石毛坯；其余 30% 则由世界各个钻石销售中心的钻石商人所操控。

进入 20 世纪 50 年代，钻石销售在世界贸易中形成了独特的销售模式——CSO 单一渠道销售系统，使得钻石毛坯成为极具垄断性的商品种类。钻石单一渠道销售系统的建立，令世界钻石市场建立起一种长久的动态供求平衡，避免钻石市场随世界经济形势的变化而发生急剧动荡，促进了全球钻石市场的健康发展。

20 世纪 70 年代，由于经济的高速发展，钻石业发展出乎寻常的兴旺发达，市场对于钻石的需求量急剧增长，造成了一股抢购风潮，以至于许多投资者纷纷出资设立钻石公司。在以色列，优质钻石甚至可用于银行高价抵押贷款，钻石的价格被哄抬到一个史无前例的高峰，钻石市场几乎失去控制。

1996 年，澳大利亚钻石公司与戴比尔斯合同期满，旋即选择了脱离 CSO，使得戴比尔斯控制的钻石毛坯数量只能达到 80%。戴比尔斯与世界上各主要钻石矿山签约购买钻石，包括有博茨瓦纳、南非、安哥拉、刚果、津巴布韦等。戴比尔斯公司只允许 125 个钻石切割公司向其直接购买钻石原石，这 125 个钻石切割公司全部都是戴比尔斯中央销售机构的客户，业内人士把它们称作为"戴比尔斯 125"。

钻石的出售价格完全是由戴比尔斯单方面决定的，戴比尔斯将钻石搭配出售，大小质量各异的钻石被放在密封的塑料袋里，上面附有标价。"戴比尔斯 125"是没有权利讨价还价的，他们只能决定买还是不买。只有在单颗钻石的重量在 10.8 克拉以上时，才有极其微小的讲价空间，戴比尔斯这么做，其实也是为了从源头上控制钻石价格。

此前，曾有一些小公司企图出售自己开采的钻

左图
PETAL 玫瑰金戒指，精致的玫瑰金花瓣中交错镶嵌着十六颗梨形和圆形精美钻石，柔美花朵孕育美好希望

右图
Talisman 系列 18K 白金戒指，各异的钻石色彩与形状唤醒了宝石最原始的治愈与守护力量

Talisman 系列 18K 黄金垂坠耳环，既有粗糙钻石也有精磨钻石，散发出跨越时空的高雅气息

石原石，但却最终遭到了戴比尔斯的疯狂报复——方法其实很简单，戴比尔斯只需要求其中央销售机构在短时间内释放出大量的钻石储备，钻石价格就会大跌，这些小公司根本无力承受这样的价格战。不过现在，逐渐开始有钻石开采商与戴比尔斯抗衡，1999 年到 2000 年间，戴比尔斯一下子向市场推出了价值 50 亿美元的钻石存货，市场价格剧烈下跌，但却并未完全崩溃，这证明了供求关系还是可以制约钻石的价格。现在，戴比尔斯的竞争对手们已是今非昔比，这些公司会集中开采非洲、澳大利亚和

加拿大的钻矿，生意一天比一天红火，逐渐成长起来，而戴比尔斯这个钻石帝国也已经大不如前。

钻石的天然之美和神秘气质是所有戴比尔斯珠宝的灵感源泉。戴比尔斯的艺术专家们通过高雅的设计、精细的工艺和最为考究的细节，展示出每颗钻石的独特美丽，创造出值得珍藏的精美珠宝，正所谓是“钻石恒久远，一颗永流传”。戴比尔斯将钻石的永恒精髓融入生气勃勃的现代型设计之中，赋予钻石珠宝破旧立新的现代神韵和浪漫气息，通过突出艺术效果和加工工艺，来颂扬钻石的丰富传统、展示钻石的天生丽质。钻石是经典珠宝的巅峰，是所有戴比尔斯设计灵感的基础，赋予特选钻石以灵魂和无穷的魅力。

购买钻石无疑是件至关重要的人生大事，戴比尔斯也特别为此创建了品牌所独有的多重保证措施，以确保顾客能够对其选购的珠宝产品放心。De Beers Irish、De Beers Marque 标记和 De Beers 提供的“钻石护照”，都为顾客提供了正品保证，令每一件戴比尔斯珠宝钻石都能货真价实，符合品牌钻

Talisman 系列 18K 黄金戒指，时刻散发令人迷醉的慑人光彩

石研究院的严格标准，并对钻石的克拉、精确的车工、精度、色泽和尺寸等信息一目了然。

作为世界上最大的天然钻坯供应商，戴比尔斯集团通过“钻石之旅”、“钻石轶闻”、“美钻价值”、“名钻传奇”四个部分，为人们展示了钻石世界的传奇精华，而带有 Forevermark 永恒印记的美钻也再次得到了最为全面的解读与诠释。Forevermark 永恒印记是信心的保证，自 2006 年 12 月登陆中国内地市场以来，它便得到了消费者的广泛认可和热烈追捧，取得了令人欣喜的销售业绩，在中国内地掀起了一股“永恒”风潮。

对此，戴比尔斯集团市场推广大中华区市场总监夏思婷表示:“能够在中国市场推出带有 Forevermark 永恒印记的美钻，我们感到非常高兴。中国已经日渐成为全球发展最为迅猛的钻石市场之一，作为全球最大的钻石公司，我们非常看好中国钻石市场的发展和前景。”2011 年 5 月，戴比尔斯钻石珠宝在中国内地的首家精品店于北京新光天地隆重开张。这标志着该品牌正式登陆中国市场，以满足中国客户对精美设计和珍品钻石的迫切需求。

戴比尔斯的业务现如今已遍及世界各地，店铺均坐落于全球各国最为抢手的繁华地段，如纽约的第五大道、巴黎的春天百货和老佛爷、伦敦的老邦德街、香港的置地广场，以及东京的银座等。时光荏苒，斗转星移，天然原钻由矿石中孕育而生，每一颗都是独一无二，拥有令人屏息的致命诱惑。2011 年中秋，戴比尔斯将这大自然最珍稀的宝藏引入现代珠宝设计，从“月圆人团圆”的美好意境中汲取灵感，对传统样式系列进行了精细的女性化与现代化阐释，呈献出璀璨夺目的全新 Talisman 系列。

Talisman 系列 18K 白金吊坠，46 颗圆形明亮型车工钻石、古典玫瑰车工钻石以及白色和炫彩天然原钻，完美平衡了光照效果

Arpeggia 系列黄金钻石项链，温婉中尽显高贵

新增的13款设计新颖、造型优雅的链坠、手链、戒环、戒指和耳环，无不为其注入了令人兴奋的活力，同时也赋予了钻石珠宝艺术新的生命。Talisman系列在设计方面最大的亮点，便是天然原钻与抛光钻石特质的完美结合。在总共1000多颗天然原钻中，仅有一颗美钻足以凭借其独有魅力和特质方能入选，经过能工巧匠之手，化身为典雅、摩登、女人味十足的珠宝精品。与此同时，点缀于天然原钻和圆形明亮车工钻石间、首创于16世纪的古典玫瑰车工钻石，也呈现出精挑细选后的优雅造型和万千风姿。

优质的尊贵品质、梦幻般的浪漫生活情调、风情万种的优雅气质，以及历久弥新的经典爱情……对于追求时尚资讯和国际化品味特征的城市新贵、富于小资情调的都市白领及职场精英们而言，拥有一颗戴比尔斯钻石，无疑就意味着拥有了一种璀璨而清新的浪漫生活。

下图
Arpeggia系列玫瑰金钻石手镯，灿若星辰，散发女性魅力

德·克里斯可诺
DE GRISOGONO

大胆与华丽交融的新兴品牌

国际珠宝首饰业向来都不缺少名牌大腕，特别是一些已有数百年历史的殿堂级珠宝制造商，凭借出众的工艺与信誉，这些品牌才可得以在历史的漫漫长河中弥久不衰。

不过最近几十年来，不少打着创新旗号的年轻珠宝设计品牌，也开始在国际市场崭露头角，渴望能够以自身实力，去挑战那些全球最杰出的珠宝名家。1993 年，一家名叫德·克里斯可诺的珠宝品牌在瑞士成立。在随后的二十年时间里，这家珠宝品牌逐渐发展为全球首屈一指的珠宝制造商，让不少百年珠宝老店艳羡不已。

德·克里斯可诺珠宝店的华丽外观

De GRISOGONO 戒指，从大胆设计到顶尖工艺，
一件件精工细琢的珠宝作品堪比艺术品

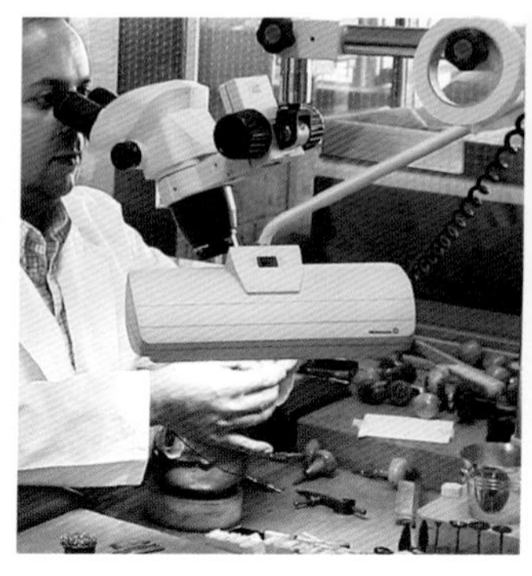

左图
Gruosi 老板和王子、王妃的合影

右图
工艺师的操作工序

多年来，德·克里斯可诺不断创造并引领业界潮流。从大胆设计到顶尖工艺，一件件精工细琢的珠宝作品堪比艺术品，无不让人沉醉于当代元素与巴洛克精髓的完美交融，倾倒于法瓦士·葛罗奇（Fawaz Gruosi）对珠宝设计非凡的感知能力，以及他在创作过程中所注入的无限热情。

法瓦士·葛罗奇先生是位当代的珠宝业天才，堪称是珠宝钟表界的创意大师，曾在美国珠宝学会任职多年。他以珠宝钻饰起家，将大量黑色钻石与一定比例的无色钻石混搭，再结合铂金材质，一并确立了德·克里斯可诺早期珠宝作品的典型风格。

德·克里斯可诺的成功，主要归功于其品牌创始人法瓦士·葛罗奇的英明领导。这位珠宝大师有着敏锐而又独特的美学品味，曾帮助公司奠定了一个又一个的发展里程碑。法瓦士·葛罗奇出生于1952年8月8日，童年时期在意大利佛罗伦萨与母亲一同渡过。18岁那年，渴望步入社会的葛罗奇离开学校，正式成为佛罗伦萨当地一家知名珠宝公司的销售助理。

佛罗伦萨被誉为是“巴洛克之城”，是意大利艺术与文化的思想中心。与无数疯狂迷恋巴洛克时期艺术风格的人们一样，葛罗奇也从一系列经典绘画、雕塑、建筑、音乐和戏剧作品中，不断汲取无穷的创作灵感与人生经验。

七年后，这家公司任命葛罗奇前往伦敦，负责品牌旗下一家海外店铺的顾问工作。短短四年后，葛罗奇便晋升为这家店铺的总经理。

当时的葛罗奇不到 30 岁，凭借出色的工作能力，他很快便引起了海瑞·温斯顿（Harry Winston）官方代理商 Alizera 家族的注意。于是，Alizera 家族后来便力邀其加入公司，专门负责公司在沙特阿拉伯分店的业务工作。三年后，葛罗奇回到欧洲，并立即与珠宝巨匠宝格丽取得了联系。

国际珠宝界的风云传奇人物贾尼·宝格丽（Gianni Bulgari）为葛罗奇提供了一个职位，并毫无保留地将品牌业务交给他来负责。于是，葛罗奇便开始了 Bulgari 高端珠宝作品的全球销售工作。

在此期间，葛罗奇不断通过各种途径，为自己积累业务资源与商业关系；当 Gianni Bulgari 选择于公司管理层退位后，葛罗奇便立刻决定效仿这位珠宝大师的成名道路，下决心依靠自己的双手干出

左图
德·克里斯可诺的精美珠宝展示厅

右图
正在接受精雕细琢的珠宝

单边镶嵌配上一颗颗珍珠拥簇，组成了一条任何人都无法抗拒的项链

一番事业。

1993年，葛罗奇在毫无任何商业策略的局面下，与两位同事一同成立了德·克里斯可诺品牌，公司名称则来源于其中一位同事母亲的名字。公司坐落于瑞士日内瓦家喻户晓的隆和大街，专门面向客户提供独家制作的艺术品，而葛罗奇也借此机会，设计创作出了一系列极具创新意味的珠宝作品。不久，德·克里斯可诺珠宝设计公司开始在瑞士国内小有名气。

短短两年后，葛罗奇决定与自己的两位共同创始人分道扬镳，并随即成立了一家名为de

Grisogono S.A 的珠宝公司。事后证明，正是葛罗奇的这一抉择，后来帮助他迅速打开了全球珠宝市场。

1996 年，“单飞”还不到一年时间的葛罗奇，再一次独具慧眼地将一直以来被人们所忽视的黑钻石，应用到了自己所设计的珠宝和太阳镜等极具市场前景的商业领域。

首款镶有黑钻的德·克里斯可诺珠宝设计系列一时间在国际珠宝界引起了巨大轰动；一年后，葛罗奇又将其所偶得的神秘黑钻“Black Orlov”，作为珠宝设计的主要素材，并将黑化处理技术运用到了机芯制作之中，为腕表艺术增添了深度层次感以及如华尔兹舞曲般浪漫的独特风姿。

2000 年，散发浓浓怀旧风格的“Icy Diamonds”（冰钻系列），一经面世便引爆了珠宝品牌迷们的热烈追捧。2003 年，法瓦士·葛罗奇萌生将稀有的珍珠鱼皮和名贵的钻石珠宝相结合的想法，并成功将珍珠鱼皮打造成为品牌的经典标志之一。

Boule 系列手镯，金色和银色的搭配令珠宝有种雍容的气质

左图
白金手镯，如祥云般的设计图案把珠宝的清逸灵动尽显无疑

右图
珍珠白金胸针，黑白间涌现一颗硕大的珍珠在熠熠发光

2005年，运用黄金调色工艺，一种如焦糖般甜蜜，且弥漫着高级金属光泽感的金黄色作品——Browny Brown Gold问世。不断创新的技术材料，使得感性抽象的设计理念脱离了现实的禁锢。这款设计不仅是法瓦士·葛罗奇无限灵感的见证，更为品牌日后的设计带来了无限的可能和期待。

在法瓦士·葛罗奇看来，彩色宝石所蕴含的天然色彩之美丽，是其他任何物质和人工方法都无法比拟的，而它也正是承载巴洛克精髓的不二之选。

通过天才般的创造力，法瓦士·葛罗奇不拘一格地将彩色宝石和彩色K金等现代材质完美搭配，以珊瑚的天然丽质、紫水晶的神秘浪、琥珀的恒久深邃、祖母绿的敏锐生机，阐述天马行空、无所不包的奇幻主题。

德·克里斯可诺的高级珠宝和珠宝系列，宛若只存在于臆想世界中诡秘绮丽的万花筒，浓郁的浪漫主义情怀冲破理性的界限，派生出壮观宏伟的无穷生机。历史古城佛罗伦萨的浓浓巴洛克风情被浓缩于一件件珠宝作品之中，现代宝石语言似乎在娓娓道来设计师心目中的那段黄金时代。

Boule 系列项链，金色链索勾着红色
球状宝石犹如太阳半悬

晶莹泪滴状的琢型钻石悬垂耳环，散发出丝绸面纱的朦胧韵味；多彩项链在暖光的照射下，与特别处理的夺目名贵钻石相互配衬，这种赤裸裸的对比，成就了一场纯粹奢华的视觉享受——光与影，运动与变化，想像力与创造性，繁复奢华与无以复加，在这些足以与当代艺术品媲美的珠宝设计背后，德·克里斯可诺所拥有的顶级金匠，宝石订制工和工艺师团队显然功不可没。

德·克里斯可诺拥有全球最优秀的珠宝工艺师团队之一。在实现法瓦士·葛罗奇这些大胆性感的原创设计时，他们总能以无以匹敌的专业技能和精益求精的工艺水准，对这些创新想法精确无误地加以诠释；而匠师对于细节方面的追求，更是令人叹为观止，同时也使其所创作的珠宝艺术品，能够真正实现色调和形态的完美融合。

德·克里斯可诺是世界上第一个运用黑钻石来制作珠宝首饰和手表的公司。由创立之初到功成名就，只不过短短不到二十年的光景，虽然资历相对尚浅，但是凭着无限的创作力与大胆尝试，德·克里斯可诺很快便以黑钻首饰扬名天下。德·克里斯可诺运用宝石的精湛技艺、真正的创新精神、大胆而独特的风格，获得了全球范围内惊人的成功，最终实现了创始人当初的伟大个人梦想。

继珠宝事业取得巨大成功之后，法瓦士·葛罗奇开始对手表设计产生浓厚兴趣。在他看来，手表就是能够用来记载时间流淌的珠宝。起初，他利用自己深厚的珠宝功底，为另一家钟表珠宝大牌——萧邦创造出至今仍历久弥新的著名珠宝表系列——“冰块”（Ice Cube）。

原创款的“冰块”系列，就曾狂放地运用到了

左页图

Mosaica系列耳环，单一的银色让整个环境都变得冷艳，如蝎子尾勾的设计更是别出心裁

De GRISOGONO 戒指展现了钻石与彩色宝石完美的结合

黑色钻石材质，仿佛法瓦士·葛罗奇的私人签名一般，“冰块”系列很快便一跃成为 20 世纪末世界上最经典的几款高珠宝表之一。不过，“冰块”的荣耀，更多的还是属于萧邦，与此同时，法瓦士·葛罗奇也始终都在谋划着属于自己的高级钟表款式。经过短暂的等待，德·克里斯可诺的当家手表系列——“Instrumento”便震撼诞生了。

原创款的“Instrumento”同样镶满了黑色的钻石。而在灵感方面，早期马球翻转表的经典理念，也被法瓦士·葛罗奇颠覆性地诠释开来，而德·克里斯可诺也得以成功跻身世界上极少拥有原创翻转表产品系列的品牌阵营。

为了衬托黑色钻石的奇妙光辉，“Instrumento”出人意料地以黑珍珠鱼皮来制作表带，与之搭配得相得益彰。不过，由于超高的定价，德·克里斯可诺的手表就如同这个牌子的珠宝作品一般，只属于世界上极少一部分高端人士拥有。

以爱神丘比特为创作灵感来源，德·克里斯可诺对独特个性的珠宝设计注入红粉色浪漫，为 2012 年情人节带来别样的幸福色彩。以寓意幸福甜蜜的红色系宝石作为主调，璀璨的闪亮钻石与熠熠生辉的玫瑰金点亮爱情的浪漫花火，宛若一首赞美爱情甜蜜与人间浓情蜜意的美妙诗颂。

镶嵌了白色钻石、粉红蓝宝石和红宝石的德·克里斯可诺 Pigna 系列戒指，是精巧细腻的双手在温馨节日季的完美装饰。同样采用了粉红蓝宝石和白色钻石、并加之粉红碧玺的点缀，Chiocciola 系列在迷离夜色中，能够散发出极致的女性魅力以及难以抗拒的诱惑。

除了手镯、戒指等送给“她”的礼物，德·克里斯可诺 2012 情人节系列珠宝，还贴心地包含了两款设计独特、幽默风趣的动物造型男士袖扣。别致的设计彰显出德·克里斯可诺对潮流独有品位的执着，传递给爱人浓情蜜意与浪漫惊喜。

于 17 世纪盛行于欧洲的巴洛克风格，在葡萄牙语中的释义为“有瑕疵的珍珠”，曾因过分与众不同而备受争议，正如德·克里斯可诺每一次将全新材质、设计引入公众视线的大胆尝试一般，德·克里斯可诺珠宝作品饱满的情感和充满张力的表达，最终赢得了客户的一致赞颂。

Gypsy 系列耳环，金、绿、紫的混搭有一种艳丽的华贵感

从曾经的巴洛克经典，到今天遍布全球的精品店中所展示的如梦如幻般的珠宝与腕表系列，这不但是高级珠宝梦想的伟大实现，更是向巴洛克这一不朽艺术风格的最高致意，德·克里斯可诺正在渐渐形成自己经久不衰的原创性。

法贝热
FABERGE

沙皇彩蛋

俄罗斯珠宝有着悠久的历史过往，一位名叫法贝热的天才俄国金匠，更是曾创造了无数令人目眩神迷的“沙皇彩蛋”。他用自己的巧妙构思，将原本平凡无奇的彩蛋变成了一段华丽传奇。

俄罗斯著名金匠、珠宝首饰匠人、工艺美术设计家法贝热（Karl Gustavovich Faberge）1846 年出生于一个珠宝匠世家，曾先后留学德、意、法、英等国。1870 年，法贝热继承父业制造装饰品，到了 1882 年莫斯科举行全俄展览会之时，他的珠宝产品已是遐迩闻名，引得欧洲各国皇家争相购买，从而也奠定了自己在珠宝设计界的荣誉与地位。

法贝热是一位杰出的设计师，专门加工金、银、翠玉、宝石等珍贵材料。他的设计作品大胆革新，

左图
1904 年法贝热的工作场所

右图
20 世纪初，彩蛋就是在圣彼得堡这间房子里被制作出来

Katharina Aqua 戒指，水感的设计令人叹为观止

左图
拥有 170 多年历史的法贝热精品店

右图
沙皇传奇彩蛋的全新演绎令人期待

曾创造出无数光怪陆离的伟大美术品，极具法国路易十六世时期的经典艺术风格。法贝热在莫斯科、基辅和伦敦等地，均开设了由他亲自指导的独立作坊。这些作坊所设计制作的复活节蛋外形精巧，被俄国沙皇和各国皇室皆视为珍品。

法贝热的父亲古斯塔夫·法贝热，当年在家乡兢兢业业地经营着一间小小的银器和珠宝作坊，从未想到自己的小店有朝一日会变成俄国首屈一指的珠宝行。法贝热在接手父亲的珠宝店之前做足了准备，先是在德国德累斯顿一家商业学校学习了几年，之后又到欧洲各国游历。

截止到 1872 年接手家族那片小小的珠宝作坊时，法贝热已经拥有了丰富的商业知识和非凡的艺术眼光。在那时，法贝热家的珠宝店和别家并无太大不同，都一样做着圣彼得堡上流社会的生意。年轻的法贝热经过思考后认为，只有独树一帜，才能

法贝热为亚历山德拉皇后精心
设计的幽谷百合彩蛋

让法贝热珠宝扬名于世。

1885 年至 1916 年间，法贝热总共制作了 50 个水晶蛋。这一个个用宝石、钻石、黄金和象牙制成的水晶蛋，同时也记录了俄国最后一个皇室王朝的覆灭历史。

第一颗皇室复活节彩蛋诞生于 1885 年复活节。当时，沙皇亚历山大三世为了迎娶自己的丹麦皇后玛利亚，特地向御用珠宝设计公司法贝热工艺作坊订做了一只精致彩蛋，送给皇后当作复活节礼物。

复活节当天一早，法贝热向亚历山大三世呈上了一只外表看上去简单无奇的复活蛋。但出乎众人意料的是，白色珐琅外层的蛋壳里面，竟然有一只黄金做的鸡蛋，鸡蛋里面则是一只小巧的金母鸡，金母鸡肚子里还有一顶以钻石镶成的迷你后冠和一个以红宝石做成的微型鸡蛋。玛利亚对法贝热的这个礼物爱不释手，于是马上下谕令，要求法贝热以后每年都需设计一只独一无二的复活节彩蛋呈贡。

1886 年，法贝热得到了一个珠宝匠人所能得到的最高奖赏——“皇家御用珠宝师”。

1894 年 10 月，亚历山大三世的健康急剧恶化，并在随后猝死。他的儿子尼古拉二世继位后决定原封不动地照搬父亲在位时的所有政策与措施，包括每年复活节让法贝热设计一只独一无二的彩蛋的这一传统。

继位之后，尼古拉二世命令法贝热继续为母亲制作彩蛋，随后又下了第二道命令，要求法贝热也为其新迎娶的皇后每年设计一只彩蛋，就如同父亲当年送给母亲的那枚一样。于是，订制彩蛋便成了

左页图
Fabergé 复活蛋

下图
The Constructivist 系列戒指，具有法国路易十六世时代艺术风格

俄国皇室雷打不动的复活节习俗。

法贝热为新任皇后设计的第一枚彩蛋，便是玫瑰花蕾彩蛋，彩蛋上插有一支丘比特神箭，寓意爱神与幸福的降临。彩蛋里面则是一枚黄金的玫瑰花蕾，象征着尼古拉二世夫妇的不渝爱情。玫瑰黄在德国被视为最高贵的颜色，这枚彩蛋也可缓解这位年轻皇后的思乡病。

1896 年 5 月 9 日，尼古拉二世与妻子在莫斯科乌斯佩斯基大教堂举行了加冕礼，这也是俄罗斯历史上最华丽辉煌的典礼之一。全世界超过 7 000 名客人参与了这一盛典，包括欧洲大部分皇室成员，庆典共持续了两周。

为了纪念这一盛典，法贝热特别设计了一枚以加冕礼为主题的彩蛋，较此前任何一枚彩蛋都要更大、更为奢华。彩蛋表面为淡黄色瓷釉，上面划分为装饰有黄金制的月桂树的小格块，小格块间的每个交叉点，则带有一只象征俄国皇室的鹰标，每只鹰的胸口上还有一颗小钻石。而更让人惊奇的则是一辆等比例制作完成的皇后加冕礼小马车。

据史料记载，这辆小马车全部以手工刻成，包括车顶以钻石镶成的小王冠和以水晶雕成的小窗户等，甚至就连马车上的台阶，也做到了精确复制。当皇后要上下马车时，台阶能自动伸缩，微缩版的马车也同样可以做到。为了雕刻这辆马车，法贝热花费了差不多 15 个月的时间，一天从早到晚地眯着眼睛手工打磨，终于在最后期限前数日上呈给了这位皇后。

右页图
The Constructivist 系列项链，鲜明的配色和新颖的设计令人眼前一亮

法贝热设计每一只彩蛋，几乎要花费一年的时间。他会在工作室里冥思苦想地设计彩蛋的造型与主题，然后再小心翼翼地用雕刻刀把构想变成贡品。

这些构思精巧、做工华丽的法贝热彩蛋，将珠宝艺术提升到了自文艺复兴以来装饰艺术的最高水平。在 1900 年的巴黎世界博览会上，沙皇彩蛋首次公开展出，法贝热的盛名也由此远播整个欧洲。

1916 年问世的圣乔治勋爵彩蛋外形简单朴素，是送给皇太后玛利亚的，和铁军彩蛋一样，体现了战时的节俭作风。后来，在俄国末代皇族中，只有玛利亚成功逃过了被处决的厄运；而在她匆忙逃离家乡时，随身就带着这枚圣乔治勋爵彩蛋。

1917 年俄国十月革命后，帝俄时代结束，同时也为俄国的复活节水晶蛋传统画上了休止符。1918 年罗曼诺夫王朝覆灭后，法贝热的家产被收归国有，而法贝热则与他的家人一同，登上了最后一列前往瑞士的外交列车，但他们谁也没有想到，这一别将会成为永远。1920 年，这位珠宝制作大师在洛桑逝世。

在鼎盛时期，法贝热公司的员工曾一度多达 500 人，是俄国首屈一指的珠宝行。此时的法贝热，已经显示出了杰出的管理才能。由于订单太多，他便从各地乃至各国请来多位顶级工艺大师，让他们共同为法贝热工厂服务。而他本人则负责为公司制定发展目标、提供设计及制作产品目录。因此，尽管法贝热的名字已经等同于沙俄帝国那些奢华精美的珠宝，但实际上，没有任何一件作品是由他亲手制作出来的。

Les Saisons Russes 系列戒指中央镶嵌的蓝宝石，如夏日的天空般生机勃勃

沙皇彩蛋无疑是集体合作的成果，设计师首先会进行前期的详尽策划，完成草图模型；然后由金匠、银器匠、上釉工匠、珠宝工匠、玉石工匠和石工等人进行讨论、综合，各出奇谋，接着才会被分配到法贝热属下的工厂进行加工。

Kokoshnik 手镯，高贵典雅

法贝热年复一年地为俄国两朝沙皇与皇后，不断设计出一大批独具匠心的复活节彩蛋艺术精品。如果按年份计算，他制作的皇室彩蛋总共应该有 52 到 56 枚。其中 11 枚已经遗失，目前拥有最多皇室复活彩蛋的，便是美国财经权威杂志《福布斯》，共有 12 枚。另外，克里姆林宫军事博物馆也收藏了 10 枚。

2006 年 1 月，福布斯家族表示，他们将把家中收藏的 9 枚独特精美的沙皇彩蛋交拍卖行出售。被《福布斯》杂志评为俄罗斯第四富豪的石油巨头维克塞尔伯格，一直都是俄罗斯艺术珍品的虔诚收藏者。2 月初，这位巨富花了 5 400 万英镑，买下了这些彩蛋。当时他表示，这批国宝在运回国后，将向普通大众展出，最后则会存放在圣彼得堡的国家遗产博物馆或是莫斯科的克里姆林宫供世人观赏，而不是作为自己的私藏继续家族传承。

法贝热或许是世界上最浪漫的几个珠宝品牌之一。截止到 2007 年，该公司已有 90 年未制作过任何高级珠宝了，直到 2007 年 1 月，南非自然资源投资公司从联合利华公司那里购买了法贝热的商标、许可权及相关权利，再度开启了这家珠宝公司的传奇历程。

2011 年 7 月，巴黎时装周，法贝热宣布“重新推出品牌代表产品——法贝热 Fabergé 复活蛋”。各款法贝热高级珠宝及贵重珠宝系列精致彩蛋于巴黎时装周期间隆重展出，赢得了世人的一片喝彩。该系作品旨在恢复品牌的经典形象，彰显并敬重品牌的传统精神，从而进一步巩固法贝热作为创意新思维高端珠宝商的至高地位。

法贝热彩蛋尽管有着众多不同演绎，但该系作品却是品牌自 1917 年以来，第一批真正拥有法贝热名字的精品，结合了创意想像、超卓工艺，以及富

Soleil de Nuit 项链，熠熠生辉的钻石，完美高贵

有原作特色的内涵，极具象征意义，标志着法贝热在复兴之路上迈进了一大步。

而在销声匿迹近百年后的2012年，连卡佛也正式引入了法贝热品牌，并全新推出了法贝热les saisons russes高级珠宝系列，这同时也是品牌首批真正意义上的蛋形吊坠。该系作品由传统的复活节彩蛋演绎而成，令彩蛋得以“重生”。

这批蛋形吊坠共有60款之多，均由人手镶造，为独一无二之作。彩蛋用料广泛，包括不同的宝石及矿石，如水晶、绿玉髓、雪花黑曜石、紫翡翠、硬玉、粉红蛋白石、碧玉和绿松石等，并制作成格网状细工，珐琅亮漆及渐变色，设计变化多端，每枚蛋形吊坠糅合了当代设计与古老的传统，汇聚优雅华丽与乡土传说于一身。

整个系列可细分为春夏秋冬四季，代表了不同时节庆典中的仪式，并歌颂俄国人的生活方式——春季寓意着光芒和生机、夏季为夏日花园、秋季代表惬意的温暖、冬季则以飘雪作代表。Zenaide蛋形小盒设计，灵感来自乌兹别克斯坦的传统纺织品，以错综复杂的几何图案设计而成，并镶以不同璀璨宝石，令人叹为观止。“我们需要设计一些更容易被大众接受的东西，可以作为礼物被相互赠送。”法贝热现任创意总监卡塔琳娜·弗洛尔（Katharina Flohr）表示：“我们的理念是将流行趋势与法贝热品牌宗旨相结合，设计出能够让消费者接受、并具有日常实用性的珠宝作品。此举是向经典设计的一大转变，并带有法贝热的传奇元素，能够吸引更多的顾客群，以及更为国际化的客户前来选购。”这些高级珠宝是由巴黎珠宝设计师Frédéric Zaavy设计，并由其设计团队负责制造。

萨尔瓦多·菲拉格慕
SALVATORE FERRAGAMO

以鞋业为代表的意大利尊贵品牌

一代鞋王萨尔瓦多·菲拉格慕(Salvatore Ferragamo)自1927年成立同名品牌开始，经历了全球经济大衰退、第二次世界大战等风云变化，但是依然屹立不倒，并于今时今日成为一个经久不衰的经典时尚品牌代表，堪称奢侈品行业的全球领军企业之一。

集团积极致力于设计、生产和销售鞋子、皮革制品、成衣、丝织品、配饰和男女香水，产品种类还包括由特许制造商生产的眼镜和腕表。集团非常注重产品的独特魅力和尊贵品味，将风格、创意和创新与意大利制造的高超品质和工艺融为一体，成为集团产品的标志性特征。

左图
菲拉格慕于一九二七年成立品牌

右图
萨尔瓦多·菲拉格慕（Salvatore Ferragamo）携手贾尼·宝格丽（Gianni Bulgari）

萨尔瓦多·菲拉格慕（Salvatore Ferragamo）推出的首个高级珠宝系列，镂空雕刻的技术精湛，风格独特

从玛丽莲·梦露，到为第一位亚洲女星章子怡及男星梁朝伟度身设计鞋款，菲拉格慕 (Ferragamo) 的名字一直长盛不衰，并且往往带领潮流把企业扩展至其他地区，如于 20 世纪 90 年代韩国经济最低迷的时候，进入了韩国市场；1994 年中国才刚开放，便进入大陆；而 1997 年亚洲金融风暴时，更大胆进驻马来西亚。

其实，菲拉格慕一直为鞋业发展及推广不遗余力。萨尔瓦多·菲拉格慕不仅希望把他对制鞋的知识与经验传承给他的家族及企业，更希望可以给世界分享他对鞋子的热忱。

目前，萨尔瓦多·菲拉格慕集团在全球拥有约 2 800 名员工，以及超过 578 间专门店，其业务机构遍及意大利乃至全世界，不论是欧洲、美洲还是亚洲，全球各地都有萨尔瓦多·菲拉格慕品牌的足迹。早在 2011 年 6 月份，萨尔瓦多·菲拉格慕就在米兰上市了，仅仅比普拉达 (Prada) 集团在香港挂牌上市晚了一个星期。

一直以来，我们所熟知的萨尔瓦多·菲拉格慕，更多的是它无与伦比的鞋物。那些无可替代的优质鞋物，创造了一个又一个关于鞋的王国。而如今，萨尔瓦多·菲拉格慕也已经倾情推出了自己的高级珠宝系列。

菲拉格慕希望它们的新产品能够满足快速增长的亚洲市场的需求，其掌门人米凯莱·诺尔萨(Michele Norsa)在米兰时装周发布会上胸有成竹地表示，由于珠宝并不会随着时间而贬值，使得它们比服装及其他配饰更加适合进行长期投资，其珠宝产品一定会在市场，尤其是在中国市场上大受欢迎。

接着，菲拉格慕就开始了其在珠宝领域的大动作，2011年底，菲拉格慕推出了其专门用于推广全新高级珠宝系列的网站www.ferragamoJewels.com，已于2011年12月7日上线。

网站用以展示由国际珠宝设计大师贾尼·宝格丽(Gianni Bulgari)为品牌打造的全新珠宝系列。全新网站的风格简洁摩登，布局精致优雅，内容丰富且细节处理也极尽完美，用户操作感细腻，视觉效果极佳。

主页设计华丽迷人，令人印象深刻，而且设有可循环播放的精美视频，带领游客进入独一无二的

Sarpina系列吊坠线条流畅，秉承菲拉格慕品牌一贯的优雅高贵

菲拉格慕高级珠宝世界。

在视频访谈中，菲拉格慕创意总监马斯米兰诺·乔尼蒂（Massimiliano Giornetti）与贾尼·宝格丽分别阐述了他们对品牌第一季高级珠宝的理解。

网站的每个页面上方都会有一个“灵感（inspiration）”按键，游客点击便可了解这一全新系列背后的创作灵感。

此次全新上线的网站界面便捷友好，通过主页就可以直接进入图片资源库，方便游客逐一浏览每个系列的各款珠宝，不会错过任何一个小细节。

游客还能将喜爱的产品通过邮件或主流的社交网站分享给好友，只要轻轻点击导航栏按钮就可以操作。还可查找附近的专卖店，方便游客购买自己中意的珠宝。

同样是在2011年，菲拉格慕携手宝格丽首次推出高级珠宝系列。这套珠宝创意大胆新颖，设计个性鲜明，同时秉承品牌一贯的传统——全新珠宝系列巧妙运用菲拉格慕品牌作为著名象征及标志，并以现代风格重新诠释探寻新的图形理念，从而突显品牌特征。

这次与宝格丽合作推荐的高级珠宝分为Futurista、Vara和Gancino三大珠宝系列，分别代表了菲拉格慕的三大经典标志，材质则囊括金、银、宝石以及半宝石等材料。

贾尼·宝格丽先生表示:“从设计角度来看，能够与菲拉格慕这样的顶级时尚品牌合作，是一次非常珍贵且美妙的经验。依托品牌面向未来的企业文化，我可以充分发挥自己对于现代珠宝的创新想法，尝试新的设计风格。这种自由度也使我决定以银作为原料，这种金属在我看来是一种非常优雅美丽的材料，但其在奢侈品领域所用甚少。”

菲拉格慕集团董事长费鲁齐奥·菲拉格慕(Ferruccio Ferragamo)先生对于品牌这一全新系列评价说:“推出珠宝系列对我们而言是一次千载难逢的机会。这些作品能够扩大并丰富我们的产品组合，从而引发公众关注品牌独特的价值理念、精湛的工艺技术和经典的‘意大利制造’传统。我们的品牌战略引导我们始终坚持开发符合自身特征的项目。此次能有幸同贾尼·宝格丽先生携手合作，促使我

左图
Futurista系列戒指，经典标志巧妙运用于造型上

右图
Futurista系列耳环，纤细的空心或实心线条编织成网，打造出三维错视效果

左图
Vara 系列的戒指，采用白金和钻石打造的单品，更显精美华贵

右图
黄金搭配钻石镶嵌，璀璨夺目，熠熠生辉的 Gancino 系列戒指

们下定决心开发珠宝业务。作为意大利乃至国际珠宝界声誉卓著的行业权威，他精湛的技术与非凡能力足以诠释我们的品牌精髓。”

高级珠宝中的 Futurista 系列，灵感源自于品牌的重要标志之一，即如今出现在所有鞋子上未来主义风格的菲拉格慕标签。

贾尼·宝格丽用其独特的设计手法并配合光线射入，使得该系列呈现出人意料的错视效果。

他借助了一种名为“蜘蛛网 (Spider Web)”的创新技术，以银丝作为“蛛丝”，绘制出未来主义大师卢西奥·维那 (Lucio Venna) 在 20 世纪 30 年代为菲拉格慕设计的经典图案。

纤细的空心或实心线条编织成网，打造出三维错视效果，重现了 20 世纪初未来主义艺术流派典型的动感活力。本系列包括全银制的手镯、耳环及坠饰。

高级珠宝的 Vara 系列，灵感源自菲拉格慕同名鞋系列的著名饰扣。贾尼·宝格丽先生再次祭出镂空雕刻技术，将这一品牌著名标志变幻为风格独特的纯银手镯和“未切割形状”宝石戒指。

图案线条柔和流畅，宛若 Vara 金属饰扣上的罗缎蝴蝶结。这一珠宝系列同时推出采用白金和钻石打造的单品，更显精美华贵。

而另外的 Gancino 系列，灵感来源亦是菲拉格慕的经典标志，广泛用于菲拉格慕的各种包袋和配饰产品。

设计源自包袋搭扣的实用锁扣，经过重新装饰和巧妙改造，采用黄金或粉金精心打造，镶嵌钻石或半宝石，用于戒指、手链和袖扣。丰富多样的色彩和材质选择，使得该系列可以随型地进行混搭组合。

菲拉格慕高级珠宝这三个不同设计风格的系列，在完美展现菲拉格慕著名象征及标志的同时，更尽显其闪耀夺目的优雅魅力，也以新的方式重新诠释了这一意大利高级品牌。

在携手贾尼·宝格丽先生成功推出女士珠宝系列后，2012 年的 8 月份，菲拉格慕与宝格丽再次合作，进一步推出了男士高级珠宝系列，以标志性 Gancino 品牌图案为灵感，包括现代骑士戒指、镶嵌灰色或紫色“猫眼”的银质袖扣。

Gancino 系列，设计源自包袋搭扣的实用锁扣，经重新改造。镶嵌钻石或半宝石，造出精美的戒指、手链和袖扣

2012年8月23日，正在是中国传统的七夕情人节来临之际，菲拉格慕特别为此推出的男士珠宝系列，盛放着意式的优雅及浪漫。

这套特别系列积淀了经典而严谨的男性优雅，同时也散发着时尚摩登的气息，大师手笔模制而出的圆润柔和造型，银质表面璀璨闪耀，完美地融合了各种宝石变幻莫测的色彩。不断创新和突破一直是菲拉格慕这个来自佛罗伦萨顶级品牌的精髓，此次的特别系列更将这种特质发挥得淋漓尽致。系列采用最具创新的顶级材质，设计独具特色、赫然醒目，演绎出奢华独特的品牌精神，并唤起大家在这个特别节日里的浪漫情愫。

当然，在关注男性珠宝市场的同时，菲拉格慕也没有忽略女士珠宝市场的需求，同样是在8月份，Miniature Preziose系列也有新动作。为纪念好莱坞传奇女星玛丽莲·梦露(Marilyn Monroe)，菲拉格

左图
INTRECCIO系列项链及手链，交错拼凑的设计尽显三维效果

右图
VARA系列，再次祭出镂空雕刻技术，将这一品牌著名标志变幻为风格独特的纯银手镯及戒指

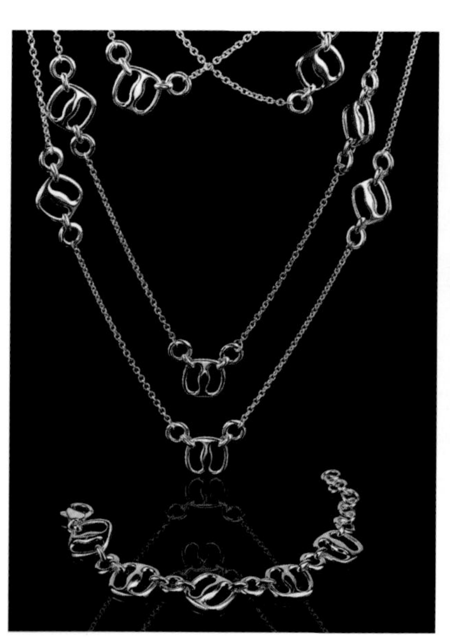

慕博物馆举办了一场大型回顾展以纪念这位伟大的时尚偶像。品牌顺势推出以“Red”与“Honey”鞋子为造型的两款吊坠，以微缩模型的方式完美地展现菲拉格慕曾为这位巨星打造的著名鞋款。

Red 鞋款吊坠，由黄金打造，密镶黑色钻石，忠实再现了当年同名尖头高跟鞋的造型——鞋身全部缀满施华洛世奇水晶。玛丽莲·梦露曾经就是穿着这双鞋出演了电影《戏梦人生》(*Let's make love*, 1960)。

Honey 鞋款吊坠，则再现了 1959 年创始人萨尔瓦多·菲拉格慕为她设计的高跟鞋，吊坠采用黄金与黑金打造，搭配鞋头上的钻石镶饰，尽显高贵优雅。

这些吊坠不放过任何一个微小细节，甚至每只“鞋子”内部都印有卢西奥为菲拉格慕设计的未来主义风格标签，鞋头部位则刻有鞋款的名字和日期。

这两款吊坠进一步扩大了全新菲拉格慕“Miniature preziose”珠宝系列的产品组合。而该系列的第一款作品“Rainbow”吊坠同样是一款镶嵌彩色宝石的微型鞋款黄金吊坠，完美展现了 1938 年菲拉格慕先生为朱迪·嘉兰 (Judy Garland) 打造的同名鞋款造型。

菲拉格慕珠宝系列秉承菲拉格慕品牌一贯的优雅高贵及精工细作，同时采用大胆新颖、个性鲜明的设计——巧妙运用品牌最为著名的象征及标志，以现代风格重新诠释及探寻全新图形理念，从而突显品牌特征。高级珠宝系列的耀世推出彰显了这一来自佛罗伦萨奢侈品牌的悠久历史与文化，而这也必将成为菲拉格慕品牌史册中的又一华美篇章。

永恒印记
FOREVERMARK

独一无二的美钻

每颗永恒印记（Forevermark）美钻背后，均拥有一段珍贵动人的故事。自时间洪流之初，钻石已是灵感的泉源，编织了无数神话、传说和故事。永恒印记是戴比尔斯（De Beers）集团旗下机构，戴比尔斯是全球领先的钻石集团，创立至今已有120多年历史，是现今全球最举足轻重的钻石公司，其钻石勘探、开采及市场推广的专业知识无人能及。

戴比尔斯集团早在20世纪初便掌握全球90%的钻石产业，也是现永恒印记在世界最领先的钻石

经典 Forevermark Setting™ 系列
每颗美钻都弥足珍贵，尽显魅力

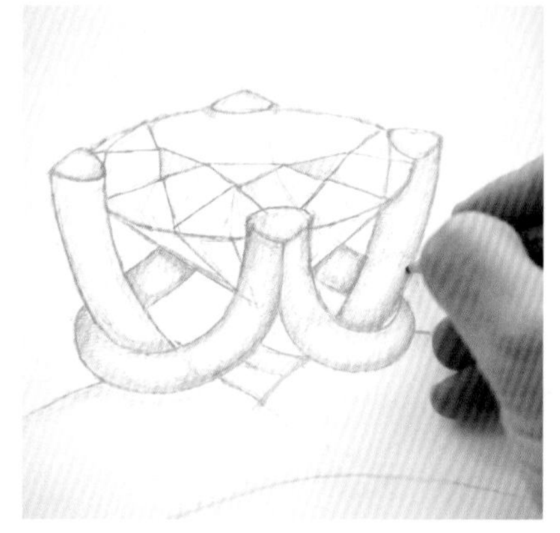

公司，在钻石勘探、采购和营销推广方面具有无人能比的专业知识。作为该集团全球的首个钻石品牌，永恒印记完美地诠释了“精选的艺术”，全世界仅有经过精心甄选、不足 1% 的天然美钻有资格被印上 Forevermark 永恒印记。每一颗带有 Forevermark 永恒印记的钻石从勘探至开采，每一步都得到悉心的呵护，其切割与打磨完全委托世界顶尖的大师级工匠倾力完成，务求让每颗钻石的天然魅力与璀璨光芒尽情绽放。

时至今日，每颗美钻背后的故事，可能已演变为个人的喜庆、爱情的盟誓、婴儿诞生的喜悦、周年纪念或工作上的成就。无论故事情节如何，总是独特的个人回忆，正如每颗独一无二的永恒印记美钻，唯属于你。每颗永恒印记美钻都弥足珍贵，并印记了一项承诺，承诺美钻瑰丽、珍稀，以负责任方式开采。全世界只有不足百分之一的钻石有资格成为它的美钻——它是全球最精挑细选的钻石，而且来自承诺严格遵守标准的钻矿，再交由少数优秀的工匠（钻石匠师），运用世代流传的技艺精心切割及打磨，然后交给全球少数永恒印记认可的珠宝商独家销售。

戴比尔斯集团严格遵守金伯利程序 (Kimberley Process) 并与当地政府和组织携手合作，通过不断提供资源及专业技术，以精益求精的态度确保钻石为其开采地的国家带来持续的发展和繁荣。

戴比尔斯集团于南非的开采规模庞大，并与博茨瓦纳、纳米比亚及坦桑尼亚政府维持紧密合作关系。此外，由戴比尔斯的销售分公司 Diamond Trading Company 负责拣选和估值的钻胚（包括由戴比尔斯自行开采及向俄罗斯国有钻石开采公司 Alrosa 收购的钻石）。

钻石是非洲天然资源，也是经济增长的原动力。永恒印记美钻所来自的钻矿，分布于博茨瓦纳、纳米比亚和南非。所有永恒印记钻矿，都有长期的土地复元计划，而且所有营运工作，都达到严格的环

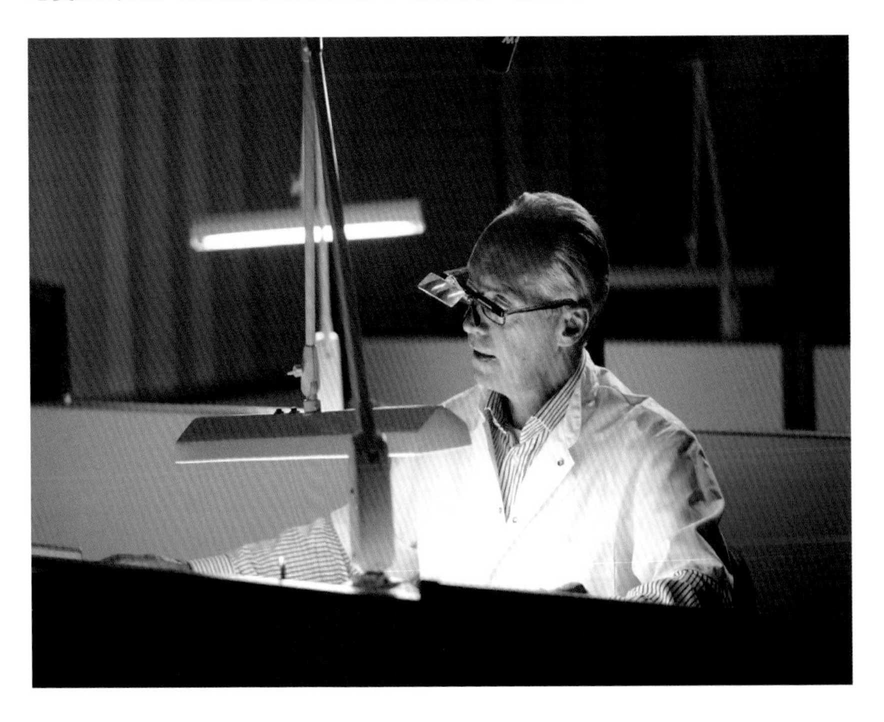

保标准，让当地人民全力发展钻石业，为自身创造更美好的将来。

每一家与永恒印记合作的公司，均需遵守其道德要求，这些标准是钻石业前所未有的严格标准。全球领先的独立审核机构——瑞士通用公证行(SGS)，会检查及监察每家与永恒印记合作的公司，确保其时刻遵守有关标准。这项持续的程序，确保永恒印记的钻石供应链可为钻石每一阶段的工序负责，维持其钻石供应链的道德水平。

Forevermark 标记和独立编号均使用高度先进的专利技术，印记在永恒印记美钻上，印记的实际深度为 1/20 微米 (相当于头发厚度的 1/500)，非肉眼所能看见，可透过永恒印记 (Forevermark) 认可珠宝商所提供的特制 Forevermark 鉴赏器观看。全球领先的宝石鉴证机构已证明 Forevermark 印记绝不会影响钻石的内部素质。

为彰显永恒印记给予顾客承诺的重要性，永恒印记于 2011 年举办全球性品牌企划活动——承诺分享募集行动，以突显永恒印记的承诺。这一次募集行动，还获得中国名模刘雯、影星陈数及其丈夫著名钢琴家赵胤胤、影星杨采妮、国际超模 Yasmin Le Bon、名模茱莉亚·R·洛菲德 (Julia Restoin Roitfeld) 及伴侣罗伯特·科尼茨 (Robert Konjic) 的支持，他们以不同的方式许下美丽承诺，并在永恒印记的支持下实践。

每一颗精挑细选的永恒印记美钻，均附有一项额外保证，即永恒印记评级报告。除了独一无二的 Forevermark 印记可以让你对美钻充满信心之外，永恒印记的评级服务，也能为钻石的独有特质留下精确记录，并且证明美钻完全天然，没

左图
Encordia ™ Collection 拥爱系列特别版爱之结项链

右上图
Millemoi ™ Collection 拥幻系列环状吊坠设计优雅、线条流畅，突显剔透华丽的美钻

右下图
Encordia ™ Collection 拥爱系列耳环，精心打造，独一无二

有经过人为加工处理，令每颗美钻真正举世无双。每颗美钻均曾接受最少五次检查，确保评级内容真实可靠。

永恒印记认可珠宝商能提供钻石评级报告，为每颗美钻的车工、净度、色泽和重量留下准确的记录。在永恒印记位于比利时安特卫普的钻石研究院内，专业鉴证师会根据严格的道德和精确度标准，亲自核实及评估钻石的素质，确保清楚列明于只有护照般大小的评级报告中。钻石评级报告更记载了印记在美钻上的独立编号，以及特别设计的防伪反光标志，确保钻石评级报告准确可靠。

1947 年，“钻石恒久远，一颗永流传”因戴比尔斯集团而诞生，成为影响世界的经典广告语。1993 年，戴比尔斯集团将“钻石恒久远，一颗永流传”的信念带到了中国，启蒙了几代中国恋人对钻石的倾慕，钻石在如今已成为他们爱情最真挚恒久的爱情见证。

永恒印记于 2008 年下旬陆续在亚洲多个市场推出。现时在美国、日本、中国及印度等地的永恒印记认可珠宝商，均有销售永恒印记美钻，而永恒印记亦通过一项特许授权计划，在新加坡、加勒比海地区和墨西哥发售美钻。香港的永恒印记认可珠宝商包括：周大福、周生生及俊文宝石店 (Larry Jewelry)。永恒印记于 2009 年 4 月分别于中国的内地及香港特区设概念店。香港的永恒印记概念店位于周大福港岛区旗舰店内，黑白搭配的主色调及店内精致的陈列充

左图
Encordia ™ Collection 拥爱系列耳环，光芒璀璨

右图
Encordia ™ Collection 拥爱系列吊坠以双重结环交织而成

分表现出永恒印记的品牌精髓，让尊贵的顾客在优雅而具有标志性、永恒而珍贵的气氛围绕下尽享永恒印记带来的独特体验。周大福港岛区旗舰店位于铜锣湾东角购物中心地下，面积达 700 平方米；而内地的永恒印记 (Forevermark) 概念店则设于北京市菜口百货。

2009 年永恒印记隆重邀请了十一位蜚声国际的设计师和八位作家，以“珍贵”的意念触发灵感，创作出永恒印记珍贵的收藏 (Forevermark Precious Collection™)，透过永恒印记美钻或文字去展示自己对“珍贵”的看法。总计共 11 件巧夺天工的永恒印记珍贵收藏钻饰，钻石总重近千克拉。其设计均出自名人的手笔，包括超级名模艾莉克·万克 (Alek Wek)、著名设计师陈幼坚、珠宝设计师万宝宝、时装设计师郑兆良、珠宝设计师赵心绮、画家及设计师蒋琼耳、现代主义时装设计师山本里美、奥斯卡颁奖典礼钻饰设计师蒙纳·梅塔 (Mona Mehta)、高级时装设计师塔伦·塔希里安尼 (Tarun Tahiliani)、英国创新珠宝设计师西奥·芬内尔 (Theo Fennell)，以及 2009 年度英国全年最佳高级珠宝设计师肖恩·利尼 (Shaun Leane) 的作品。

至于珍贵故事系列，则由多位文豪执笔，其中包括来自美国德州创作了《第一女子侦探所》(No. 1 Ladies Detective Agency) 系列的亚历山大·梅可·史密斯 (Alexander McCall Smith, 笔下最著名角色为 Precious Ramotswe, 恰巧以珍贵为名)，身兼作家、学者和主持人的张曼娟，获奖作家和诗人奇塔·蒂娃卡鲁尼 (Chitra Banerjee Divakaruni)，日本直木奖得主林真理子 (Mariko Hayashi)，旅行作家的代表人物保罗·瑟若克斯 (Paul Theroux)，畅销小说作家 Philippa Gregory(菲利帕·格里高利)，极具创新风格的作家王安忆，以及香港本地杰出的多产作家西西。

永恒印记于 2009 年推出第一套零售钻饰系列——Forevermark Encordia™ 拥爱系列，设计灵感来自古希腊神话中的赫拉克勒斯 (Herakles) 之结，千百年来被喻为“爱之结”。Forevermark Setting™ 是美钻品牌永恒印记提供的经典镶嵌设计，由四个独特的镶爪及底部的隐秘标记组成，灵感来自 Forevermark 标记的形状。独特镶嵌设计让钻戒更牢固，具有烘托主钻的效果，亦象征被四面八方的爱包围，更令每颗珍贵的永恒印记美钻都能尽展瑰丽，是表达深情和热爱的极致。除了经典的单颗美钻戒指之外，Forevermark Setting™ 还有闪烁的结婚对戒、华丽的吊坠和耳环。

永恒印记于 2011 年 9 月最新推出的钻饰系列——Forevermark Millemoi™ 拥幻系列，是特别歌颂现代女性魅力的作品，让佩戴者与众不同、独一无二。Forevermark 的设计师以现代女性的多面性及诱人魅力作蓝本，糅合经典与时尚设计，启发了 Millemoi™ 拥幻系列的诞生。设计的精粹是以一颗瑰丽的永恒印记美钻紧扣着多个金属或细钻的流苏及圈环，代表着现代女性丰富的阅历、回忆和情感，象征每位现代女性均可闪耀出自己独有的光芒。Millemoi™ 的名称，源自意思是“一千”的意大利文 mille，以及代表“自我”的法文“moi”，令人联想起多变的层次，勾划出现代女性不同的独特故事。

众多名人影星均曾佩戴永恒印记美钻在环球

盛会的红地毯上耀目亮相。她们包括英国电影和电视艺术学院(BAFTA)最佳女主角米雪·威廉丝(Michelle Williams)，美国格莱美奖得主Alicia Keys，著名影星范冰冰、张静初、张雨绮、刘亦菲，跳水皇后郭晶晶，网球天后李娜及香港歌手谢安琪等，她们以高贵优雅的姿态配衬瑰丽的永恒印记美钻饰，在盛会上明艳照人。

Millemoi ™ Collection 拥幻系列戒指尽显非凡瑰丽的气质

乔治·杰生
GEORG JENSEN

纯粹优雅的北欧风格

对于整个世界来说，乔治·杰生(Georg Jensen)一直都是卓越设计的经典象征，同时也是丹麦银器工匠极致技巧与精湛才艺的伟大结晶。乔治·杰生凭借简洁且永恒的审美品位，打造出超越百年的大师级银饰产品，开启了结合卓越工艺与一流北欧设计的辉煌历史传承。

1904年始创于丹麦的乔治·杰生，以独特的民族性和未经开发的自然灵感，造就了低调精致、品位至上、质感出众的产品风格，令乔治·杰生银器精品得以屹立不倒。乔治·杰生运用银饰所特有的氧化作用，可以制造出一种光滑闪亮的绚丽效果，

左图
创始人乔治·杰生

右图
乔治·杰生所创作的各款帽针、带扣、胸针、戒指、项链、手镯，都深受全球女性的一致推崇

乔治·杰生 Fusion 系列戒指，凭借简洁且永恒的审美品位，打造出超越百年的大师级银饰产品

左图
设计师金姆·巴克 (Kim Buck)

右图
乔治·杰生可以运用银饰所特有的氧化作用，制造出一种光滑闪亮的绚丽效果

突显明暗对比，银器表面经不断捶打所形成的痕迹也被很好地保留了下来，从而营造出一种灰阶层次与纹理质感并有的繁复外形。乔治·杰生先生曾说过："银是最好的材料，拥有月光般的奇幻光泽与丹麦夏夜的清澈光彩，有时朦胧似夕阳余晖，有时晶莹可比清晨露滴。"乔治·杰生将雕塑融入银饰设计中，无论是大型饱满的银器，还是小巧玲珑的精致饰品，都致力于将银制品提升至艺术品的高尚境界。

自当年创立以来，乔治·杰生秉承"创意至上、实用哲学、臻于完美"的品牌理念，历经新艺术、装饰艺术、极简主义，直到21世纪的今天，乔治·杰生始终都以原创性的银饰设计，表达出一种永恒隽久的非凡价值。1900年，杰生得到了美术学院的奖学金，开始了为期四年的欧洲游学生涯，使得他的设计和制作理念有了进一步的突破和创新，决心将雕塑的艺术性应用到实用艺术——银器上面。

在百家争鸣的文化鼎盛时期，杰生先后访问了欧洲各大先锋艺术中心。在巴黎，他目睹了新艺术风格的繁花似锦；在意大利，他见到了以实用艺术创造而闻名的艺术家，亲眼见证了他们如何制造出实用而又美妙的工艺作品，并得到了艺术界的广泛认可。

1904年，38岁的杰生带着对雕塑造型艺术的热爱，以及意大利、法国和欧洲各国的当地传统艺术回到祖国丹麦，并在哥本哈根建立起一家银器制作工坊。在这个工作间里，杰生将艺术与手工工艺相结合，试图去复活银器艺术，千方百计地想要再度振兴丹麦的装饰艺术传统和艺术概念。杰生一直都十分赞同工艺美术运动的文化理念。该运动的独特之处就在于，其真正地聚焦于“艺术”和“美”，关注如何将两者融入日常生活之中。在1907年之前，这种风格在丹麦语中被称为“Skonvirke”，意为“自然艺术美作”。

丹麦工艺美术风格以多个独特元素而著称。首先，其珐琅工艺的运用极其罕见；其次，设计师始终都致力于创造出价格合理的珠宝作品，同时又为其融入绝妙的艺术性和精湛技艺。最后，许多丹麦珠宝大师都曾接受过专业的雕塑训练，因此他们对

乔治·杰生的店铺

金属所蕴含的无限艺术，也都有着极为丰富的经验和知识。在丹麦工艺美术运动的鼎盛时期，乔治·杰生开始独立经营属于自己的银器工作室。对他而言，所有这些都是奠定他走向事业巅峰的基石，他的梦想便是让丹麦银器艺术成为奢华世界的璀璨明珠。

丹麦的作品融合了已有数百年历史的工艺传统，展现了本国传统文化的经典品味，彰显了工艺大师的非凡匠心。丹麦实用艺术品不同于其他作品的奢华浮躁，完美实践了“美观实用”的基本主张，成为世界各地消费者的珍爱。工艺大师们的成就感与超越奢华的原创美感，也成了丹麦工艺行业进步的最大动力。

然而，20 世纪初的欧洲，毕竟早已不是传统银器艺术的天堂，大工业文化已经席卷了欧洲和美洲，甚至于东亚各国，所有艺术文化无一例外都带有一种简洁、力度和革新的新奇味道，而传统的银雕技艺和花草纹饰，在当代人眼中多多少少更像是一堆古董。但是，杰生却并未因此而止步，他极为精通雕刻艺术的表现手法，又熟悉各民族文化，尤其是丹麦最精良的传统文化，并与生养他的大自然息息相通。“当我看到一片草叶或一个孩子时，灵感就会瞬间涌现。灵感必须是来自内心的，一种想要爆发出来的神奇力量。”无论是做什么主题的产品造型，唯有这种“想要爆发出来的力量”，才能引导真正的艺术形式出现。

乔治·杰生的设计作品曾获得了一系列的世界级大奖——1910 年和 1935 年的布鲁塞尔万国博览会金奖、1915 年的旧金山万国博览会金奖、1925 年的巴黎万国博览会金奖、1929 年的巴塞罗那万国博览会金奖……1918 年及 1924 年，乔治·杰生的艺术

左图
Sphere 系列长项链，极简主义的装饰

右上图
Dew Drop 系列戒指，在银色弧线型戒托的衬托下，更加凸现宝石光芒

右中图
Moonlight Grapes 系列戒指，黑色玛瑙与纯银戒指的另类搭配，可爱俏皮

右下图
Regitze Gold 系列手链，双链式的黄金更加显得大气简洁

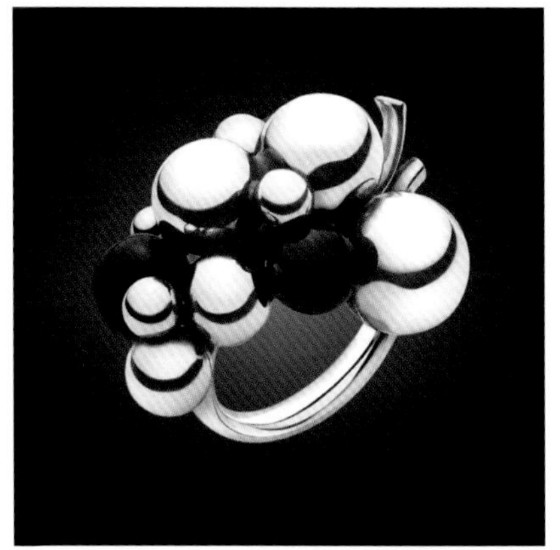

左图
Cascade 系列流畅精炼的钻石耳环

右图
Alliance 系列戒指，简单不失优雅

作品更是先后被封为瑞典和丹麦王室御用饰品。

在杰生的工作间里，至今还留着他的个人座右铭："不要跟随潮流，但是如果你想要在奋斗中保持年轻，就要遵循现在的一切。"杰生所做的不是复古，不是古代艺术的翻版，而是在前人传统文化精髓的基础上做出一番创新。因此，杰生的银器制作工坊便不断能够以制作精良、典雅卓绝的制品享誉欧洲。到了 1935 年老杰生去世时，这个小工坊已经发展成为了一家国际级企业。杰生去世后，这间工坊仍坚持着他的设计思想和风格理念，一直经营至今，令该品牌成为欧洲地区以设计高雅著称的银器顶级企业。

现如今，杰生公司隶属于皇家斯堪的纳维亚集团，但企业的职工们仍遵循着老杰生的传统精神，在这里，尊重工艺的精神依然流传不辍，由创始人在世时订定的制作标准仍在忠实的秉承过程中。工匠们静静地坐在宽敞光亮、万籁无声的房间内专心致志工作，房内四周摆放着各式保养良好的制作工具，每一件器具都有各自的独特作用，同时也象征着物主的身份和地位。这些工具通常都是由工匠本人亲自制造，大多都会伴随主人工作一生，直至后人继承衣钵后，再被传至下一代。乔治·杰生工厂内的工作台世代相传，已经是磨得十分光滑，银器经过无数次的轻力锤打，落点准确。每一件成品都灌注了银匠本人的浓厚感情，通常情况下，打制一件银器需耗时数天或数星期方可完成。

1994 年，为纪念品牌成立 90 周年，位于世界各地的乔治·杰生专卖店纷纷展出了公司历年来的银雕代表作品，以纪念这位蜚声世界的艺术家为世人所做出的突出贡献。2004 年，历经岁月的洗练之后，乔治·杰生品牌正式踏入百周年纪念，成了国际知名的经典品牌。乔治·杰生曾被《泰晤士报》盛赞为“未来的古董”，也曾被《国际纽约时报》誉为是“近 300 年来最伟大的银雕大师”。与此同时，杰生品牌还特地举办了一系列的百周年系列庆祝活动，并将历年来的经典创作分为六大主题——植物 (Flora)、动物 (Fauna)、雕塑 (Sculptural)、永恒 (Continuity)、流动 (Fluidity)，以及璀璨光芒 (Radiance)。同时还以品牌核心为主轴，使作品中蕴含着北欧文化传统及设计语汇的经典风格，锻造为乔治·杰生百年工艺的最佳实证。

与此同时，设计师金姆·巴克 (Kim Buck) 还在现场推出了乔治·杰生百年纪念钻戒，此款作品开创了杰生先生在贵珠宝领域的新河，钻石无论在切割比例、对称性，还是完整性上，皆完美展现出钻石最迷人的耀眼光芒。

杰生曾经说过:“我希望让人们只需付出少量的代价，便能拥有这些艺术品，即便是一些非贵重金属，亦可为生活塑造出美妙的感受，因为艺术是属于人民的。”杰生始终都坚持着这样的理念：艺术设计并不代表一切，工艺必须完美，制作必须足以传达艺术家的所有构思以及设计背后的全部灵感。他的创作过程往往会从绘制草图开始，然后经过精心的手工制作，期间还包含着无数的交流与沟通。

一枚出自杰生之手的银制带扣，就生动描绘了亚当和夏娃在伊甸园中的动人情景，这是杰生的早期珠宝作品，曾为他带来了巨大荣誉与广泛认可；而哥本哈根丹麦装饰艺术博物馆的馆长埃米尔·汉诺威，也从此成了杰生的忠实拥护者。目前这枚带扣已成为这家博物馆的珍贵典藏。杰生的珠宝设计创意十足，因此其作品也是深受赞誉，而不断到来的巨大荣耀，也鼓舞着这家企业不断前进。每款新设计的问世，都为杰生带来了更多的关注与喝彩，他所创作的各款帽针、带扣、胸针、戒指、项链、手镯，深受全球女性的一致推崇，往往一经面市便销售一空。

2010 年春，乔治·杰生品牌正式登陆中国大陆市场，在上海外滩半岛酒店开设了国内首家精品专卖店。2010 年 6 月 28 日，乔治·杰生再度揭幕了位于上海国金中心的中国第二家专卖店，该店同时也是全球最大的乔治·杰生概念店。这家专卖店拥有 380 多平方米的购物空间，是乔治·杰生在全球设立的第十家北欧奢华精致生活概念店。来到这里，客人们就像是步入了一位丹麦贵族的温馨小家——在庭院、客厅、餐厅、书房和厨房里，简洁的线条和色调让整个空间显得极为大气，而无数跨世经典作品就点缀在这一空间之中，让人每时每刻都能体验到丹麦王国所特有的奢华生活。乌尔里克·加尔达先生这样说道："作为丹麦皇室的御用品牌，我们非常荣幸丹麦王储能够亲临本次开幕仪式，和我们一同欢迎中国的消费者前来丹麦奢华之家。"

乔治·杰生计划3年内于中国内地开设15间概念店。这家北欧奢华精致生活概念店融会了乔治·杰生一百多年来的品牌精髓，展示着丰富且独特的设计语言、精炼工艺以及对品质的不懈追求。乔治·杰生一直都是丹麦现代银器装饰艺术及制造领域无可争议的领军人物，他将艺术家与工艺大师的个性和造诣融为一体。行业、文化和经济背景，一并构成了乔治·杰生的职业生涯，不仅为其作品带来了无限灵感，同时也是其美学理论的基本框架。在与来自世界各国的优秀艺术家们一同构建着全新设计王国的同时，乔治·杰生也将装饰艺术提升到了一个更高更美的全新层次。

Regitze Gold 系列戒指，优雅脱俗的黄金饰品

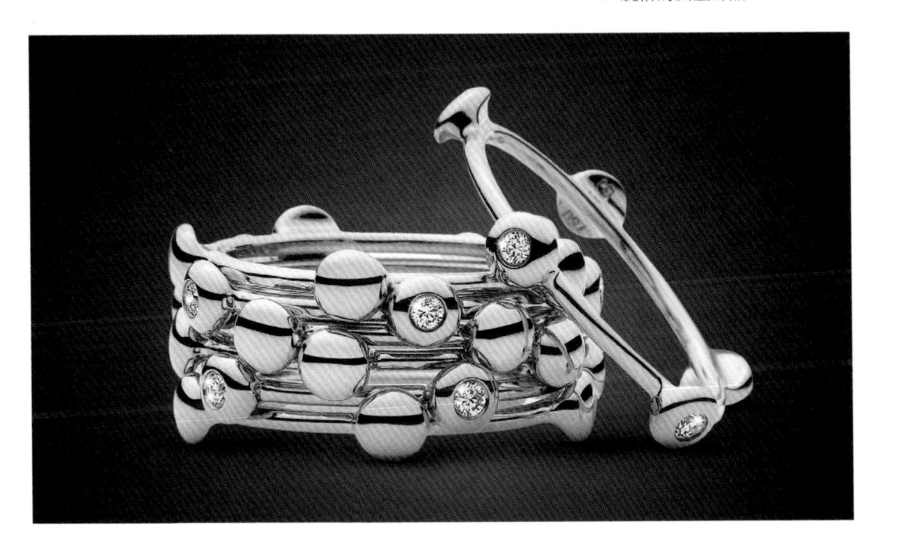

格拉夫
GRAFF DIAMONDS

最艳丽珍贵的珠宝奇石

格拉夫钻石（Graff Diamonds）这个名字，代表着世界上最艳丽珍贵的珠宝奇石。由格拉夫出品的珠宝举世无双，无论在质量上、风格上，还是在工艺上，都是全球钻石最顶尖的伟大先驱。

独一无二以及绝对的高品质，一直都是格拉夫珠宝的主要特征。对此，格拉夫伦敦总店的经理表示道："通过品牌设计师团队的密切合作，我们开发出了不少潮流趋势和新鲜创意；格拉夫珠宝行就是以罕见钻石和经典款式的珠宝作品闻名于世，它们不会受到时间的限制，是一种永恒的美丽，足以代代相传。"

左图
格拉夫的每一件作品都需要众多技师耗费数百小时的精心雕琢才可完成

右图
工作室

精心切割的钻石

在纽约和伦敦，格拉夫拥有自己的切割、打磨工厂以及镶嵌工作室，所有的格拉夫首饰都是由这家工作室设计出品。从极富创造力的设计到完美的镶嵌工艺，每一件作品都需要众多技师耗费数百小时的精心雕琢才可完成，而众多身怀绝技的技师也早已将超群的镶嵌工艺演绎到了出神入化的境界。精良的金属和钻石被精心契合在一起，演化成为一件件精美绝伦的耳环、项链或手镯作品，带给世人一种高贵灵动的感受，以及一场场精彩华丽的视觉盛宴。“钻石就是我的生命，它令我感到兴奋，我能看透钻石的内部，端详其色，并加以切割，衡量出钻石的内在美与价值感，我就是为钻石而生的……”——格拉夫。

1953 年，15 岁的劳伦斯·格拉夫 (Laurence Graff) 来到哈顿花园街 (Hatton Garden) 的一家珠宝店做学徒。九年后，他便在伦敦拥有了两间珠宝店，并于 1966 年成立了格拉夫珠宝设计公司；未过而立

左图
劳伦斯·格拉夫先生

右图
格拉夫黄钻石

之年，格拉夫的公司就已经成了英国最大的珠宝设计生产商之一，很多世界顶级富豪及社交名流都在他的客户名单中。

1973 年，格拉夫成为第一位获颁英女王企业奖勋章的珠宝商，并在此后三次获得此项殊荣。随着品牌规模的日渐壮大，格拉夫又于 1993 年在伦敦高级商业街新邦德街 (New Bond Street) 设立了格拉夫旗舰店，标志着这一全球顶级奢华品牌发展的新纪元和进一步在全球扩张的雄心壮志。

随后，格拉夫位于蒙特卡洛、纽约和芝加哥的店铺也相继开业，现如今，格拉夫钻石在全球各地共设有超过 30 家珠宝店，并在伦敦、纽约、日内瓦、香港和东京设立了专门的分支机构。为确保这一全球性扩张的持续增长，1998 年，劳伦斯·格拉夫收购了约翰内斯堡钻石批发生产商——南非钻石公司的大部分股权，从而打造出一家完全一站式的钻石经营公司。

随着全球超过 30 间格拉夫珠宝店及办事机构在伦敦、纽约、日内瓦等地扎根，这家品牌现已荣升为一家全球顶级的钻石珠宝品牌。近些年来，劳伦斯·格拉夫曾亲手打造出的宝石及钻石多如繁星，如“幻想之眼”、“马克西米利安帝皇”、“波特·洛德斯”、“温莎钻石”、“非洲希望”、“伊斯兰女王蓝钻”、“完美无瑕”、“美洲之星”、“金黄之星”、“莱索托诺言”、“格拉夫星座之石”和“德拉里日出之石”等。

珠宝不仅象征着富足，同时也是爱情至高无上的礼赠；而珍贵罕有与精湛绝伦，也是格拉夫珠宝的两大精髓。所有的格拉夫珠宝从设计理念开始，一直到镶嵌完工，均是在位于伦敦的作坊中以人手精雕细琢而成，每一件珠宝都需耗费大量的工时，有时甚至还会超过数百小时。工匠技艺超凡，做工精益求精，唯以完美为念，这些特质始终都与格拉夫珠宝追求卓越的品牌宗旨一脉相承。

2007年，格拉夫制作出版了《世界上最绝美华丽的珠宝》。这是一本记载了格拉夫美妙珠宝之旅及众多珍贵稀有珠宝的伟大宝典，其全部收益统统都被捐献给了纳尔逊·曼德拉儿童基金会。

除了支持赞助纳尔逊·曼德拉儿童基金会、无保留援助儿童基金会(ARK)、埃尔顿·约翰艾滋病

随着全球超过30间格拉夫珠宝店及办事机构在伦敦、纽约、日内瓦等地扎根，这家品牌现已荣升为一家全球顶级的钻石珠宝品牌

左图
戒指上的黄钻美得惊心动魄

右图
格拉夫黄钻配白钻吊坠耳环，呈现出最纯洁的美态

基金会、Eve Appeal 妇女癌症研究基金组织和 Clic Sergeant 儿童癌症慈善援助组织外，格拉夫最近又建立了一家救助非洲儿童慈善组织，旨在为非洲儿童的教育、健康和福利事业筹集资金。

作为一位热忱的现代及当代艺术品收藏者，劳伦斯·格拉夫同时也是纽约古根海姆 (Guggenheim) 博物馆国际理事会的执行委员、伦敦泰特 (Tate) 现代美术馆的国际顾问、柏林贝格鲁恩 (Berggruen) 博物馆的国际顾问，及洛杉矶当代博物馆的国际受托人兼董事会成员。

格拉夫曾说过："我身边的所有事物都能启发我，艺术、建筑、人物、自然元素、文化，甚至是海滩上的沙砾碎石，统统都是我的灵感泉源。"

新近开幕的格拉夫 Delaire 庄园，地处南非斯泰伦博斯酒乡的心脏地带，是豪华度假的必游之地。庄园内设有餐厅、酒厂、酒店和水疗中心，背倚山脉，可将泰伦博斯及开普敦的迷人全景尽入眼帘。2010 年 3 月，格拉夫在日内瓦举行的巴塞尔钟表展上率先发布了白色钻石银河系列，随后又推出了同一系列的红宝石钻石手表和项链。这枚银河红宝石手表集腕表设计、珠宝工艺和瑞士制表艺术精髓于一身。腕表由 39 颗红宝石及 45 颗圆形钻石和手工镶嵌的铂金表链组成，珍贵极致、奢华瑰丽。格拉夫的银河系列散发出极致的光芒，令世人能够感悟到宇宙的无限宽广和极度神秘。

同格拉夫银河红宝石腕表师承一家的格拉夫银河红宝石项链，则是又一件令人心跳加速的大师杰作。这条项链共有 72 颗红宝石和 151 颗白色钻石，均由格拉夫的高级工匠以全手工镶嵌并配以铂金制成，宛如漫天星辰，令人陶醉。而在巴塞尔钟表展上首度发表的这枚雍容华丽的女士腕表，则搭载了瑞士制造的石英机芯，密镶超过 70 颗美钻，每一颗均经过悉心挑选，并于格拉夫伦敦的工作室镶嵌而成。每一颗美钻的位置都经过了精心铺排，镶嵌角度不尽相同，慑人的光芒如水银般流泻，将夜空的繁星景象演绎得淋漓尽致。表带的链节部分以铂金制造，将一颗又一颗的美钻巧妙接壤，织造出线

蝴蝶系列手链上每一颗美钻的位置都经过了精心铺排

状纹理，呼应万里无垠的夜空银河，呈现出钻石最纯洁的美态，释放出深邃透亮的光芒。格拉夫银河系列女士高级钻石腕表周身镶嵌超过 30 克拉的美钻，绽放出永恒不息的光芒，犹如夜空的无数繁星，让人迷醉。

钻石象征永恒的爱情，正因为它有如爱情一样坚韧有力。格拉夫最为久负盛名的钻石作品，包括花卉系列 (Graff Flower Collection)、吉卜赛系列 (Graff Gypsies Collection) 及水滴系列 (Graff Briolettes Collection)，每一件都是向爱人表达恒久不变爱情的最好宣言。与此同时，格拉夫钻石还专为魅力十足的成功男士们准备了一系列时尚经典的袖扣作品，如格拉夫爱情节系列 (Graff's Love Knot) 和钻石上的钻石系列 (Diamond on Diamond Collection) 等，这些作品不但提供了钻石配铂金或黄金的丰富选择，更是还特别打造了钻石配蓝宝石、红宝石或祖母绿的魅力组合。

BabyGraff 系列钻石腕表闪耀动人

在古罗马神话中，天鹅是永恒爱情的象征；而在现代生活中，钻石又象征着忠贞不渝的爱情。格拉夫主席劳伦斯·格拉夫本人，其实就是一位钻石狂热爱好者。满载着对钻石发自内心的喜爱与激情，劳伦斯·格拉夫将其与同样象征爱情的天鹅结合在一起，推出了格拉夫 2011 春夏天鹅系列高级珠宝首饰。这个系列的每件产品全球限量仅此一件。格拉夫 2011 春夏天鹅系列高级珠宝首饰款式设计优美，且所有作品都是经由格拉夫伦敦工作室的资深工匠们以手工精心制作而成。这些天鹅娇小、纯洁、优雅的神态被栩栩如生地表现了出来，而钻石的纯净和光芒更是为这一系列增添了几分纯洁、永恒的美妙感觉。

经典蝴蝶系列耳环，翠色与美钻的光芒相映成趣

就在 2011 年格拉夫正式宣布，继上海之后，格拉夫在中国大陆的第二家珠宝店已于北京隆重开幕，店址设于北京王府井半岛酒店一层。格拉夫品牌主席劳伦斯·格拉夫先生深信，王府井半岛酒店具有地标性的意义，是北京高级珠宝品牌汇集的不二之地，亦是格拉夫为其宾客们提供尊贵卓越服务的理想地点。“继我们在美国和中东等地开设珠宝店之后，格拉夫期盼着能够展开各项新计划，尤其是在亚洲市场的发展。”

“继 2010 年 1 月在上海半岛酒店开设中国大陆

左图
Galaxy 钻石腕表，集珠宝工艺和瑞士制表艺术精髓于一身

右图
蝴蝶系列项链上的每一颗美钻均经过了悉心挑选，精心镶嵌

首家高级珠宝店以来，格拉夫在中国市场的经营业务一直都是蒸蒸日上，因此，我们对于中国市场也是充满了信心。相信随着经济的高速发展，将会有越来越多的人认识到珠宝的非凡魅力，以及其在投资方面的商业价值。”这间高级珠宝店面积虽仅有 50 平方米，但在经过了蒙特卡罗著名室内设计师尚皮耶·吉拉迪诺 (Jean-Pierre Gilardino) 的妙笔生辉之后，依旧散发出格拉夫品牌所特有的迷人气息。这位设计师说:“我曾为几乎所有的格拉夫珠宝店做过店铺设计，从早期的伦敦、蒙特卡罗、纽约，到新古典风格的莫斯科高级珠宝店，直至在香港、上海及日内瓦等地所开设的现代店铺。北京新店启用了一系列全新概念，灵感源自 30 年代的 Art Deco(装饰艺术) 风格，并深受米歇尔·法兰克 (Michel Frank) 及阿曼德·艾伯特 (Armand Albert Rateau) 等众多设计大师的深刻影响。”

店内有数百件高级珠宝精品首饰，包括展现自然风光的格拉夫蝴蝶系列 (Butterfly Collection)、热情奔放的格拉夫吉卜赛系列 (Gypsy Collection)、灵动生辉的格拉夫瀑布系列 (Waterfall Collection)、娇艳璀璨的格拉夫花卉系列 (Flower Collection) 以及精品腕表和钻石腕表系列。

为庆祝这一重要仪式，格拉夫还特地从伦敦总店运来了一批顶级完美的 DIF(Color Grade D and Internally Flawless) 钻戒系列。DIF 意指全部钻石均为 D 级色度、钻石净度完美、内部无瑕疵；其中大部分均为逾十克拉及不同切割形状的钻石系列，另外还有多款以祖母绿、红宝石、蓝宝石制成的项链、耳环、吊坠等珠宝首饰。“稀有、美丽、卓越”，格拉夫所产的钻石往往都有着极高的品质和绝伦的工艺；在高级定制珠宝这个绝对奢侈的钻石级珠宝品项里，格拉夫其实就是钻石中的钻石……

黄钻石项链是向爱人表达恒久不变爱情的最好宣言

古驰
GUCCI

现代奢华的终极之作

拥有近 90 年的悠久历史，古驰（Gucci）生产的精美产品一直以来都被奉为传世之宝得以代代相传，并为精品收藏家所热捧。

自从 1921 年由古奇欧·古驰（Guccio Gucci）创建以来，历久弥新的古驰品牌传承了独特的时尚风格，在全球产生了广泛的影响力。

作为世界顶级奢侈时尚品牌之一，当古驰成衣和皮具在全球赢得了持续的成功后，古驰在 1970 年代进行了扩展，推出了腕表系列；1997 年，古驰珠宝系列问世。古驰珠宝一向以其无可挑剔的工艺和质量著称，经典的设计更是赋予这些珠宝永恒的魅

左图
古驰集团手表首饰首席执行官 Michele Sofisti 先生

右图
精细的钻石手工镶嵌

古驰集团的制表工厂

力，同时也成为价值不菲的收藏品。

马衔扣（Horsebit）设计当属古驰珠宝系列中起源最早的一个。它最早出现于20世纪50年代，最初是应用于骑缝缝线的深棕色皮包。在1953年，当它首次作为古驰经典便鞋上的装饰出现时，就赢得了世人以及时尚人士的瞩目，令人想起了佛罗伦萨的贵族及上流社会的骑术世界。

从此，马衔扣设计就被应用于大小各异的古驰作品中，被印压在小山羊皮革和天鹅绒表面，尽显奢华气质，成为丝织品上的重复图案；亦被雕刻成珍贵珠宝的构件。并演化成醒目的五金件，出现在手袋和鞋类上，印刷在帆布手袋上，乃至丝织品、腕表以及最近的精美首饰系列上。

现在它已被大众视作古驰特有魅力的体现。直到1997年，古驰开始做珠宝系列，马衔扣被以一种现代的方式重新演绎后，它的形状更趋柔和与感性，并化身为首饰系列中的主题元素。

古驰一款经典作品马衔扣设计珠宝Gucci

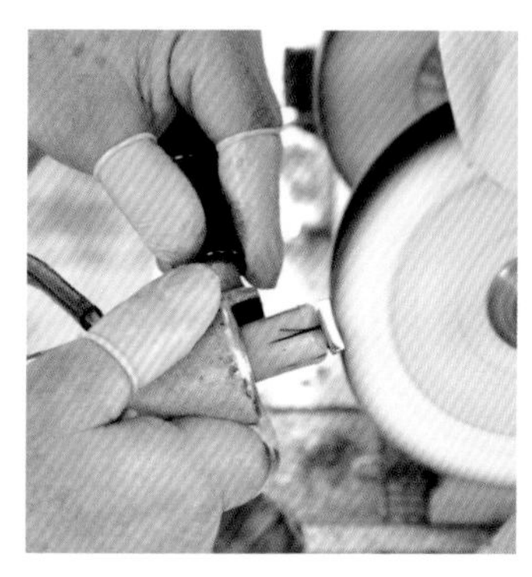

左图
源于佛罗伦萨的精湛手工技艺

右图
无瑕工艺缔造的奢华质感

Horsebit 18K 黄金手链，一经推出就赢得了 Vogue Spagna 首饰大奖，Vogue Joyas（设计师及其首饰）奖，这为古驰珠宝的成功添加了力量。这款手链是马衔扣设计最早期的作品之一，此后，马衔扣这个主题便逐渐地被开发成一个完整的系列。

在这之后马衔扣设计又被变身为很多种不同的形式，其中一种就是著名的鸡尾酒（Cocktail）戒指。此款珠宝由黄金镶嵌，再用四个小马衔拱卫着熠熠生辉的半宝石，再以黄水晶和黄玉强化钻石给予鸡尾酒戒指视觉冲击，并以醒目的造型配合令人愉悦的色彩，使珠宝戒指独树一帜。

另外马衔扣设计衍生序列的各种变化在以下产品系列中会最常见到：Cocktail、Beverly、Drops 和 Horsebit Marina Chain。

此外，马衔扣设计系列还包含了 2 套独步天下的高端组合：一套采用了 4 颗最为稀有的海蓝宝石，周围环绕着超过 19 克拉的白色钻石；另一套则由一条项链和一个戒指组成，它们均采用白金材料，衬托出令人惊艳的白兰地色黄玉，而熠熠生辉的 22 克拉圆形切割钻石更彰显其名贵。

Marina Chain 系列也是古驰早期打造的珠宝系

列之一。20 世纪 50 年代中期，Gucci 开始从帆船运动中获取灵感，并将其运用到部分产品设计中。

实际上，除了骑术与高尔夫，古驰的客户也同样痴迷于帆船运动的精锐世界，装饰着划艇图形（如船锚、船结、系索等等）的运动包和礼品也就应运而生。大约在 20 世纪 60 年代中期，古驰首次把船锚链的图案用在钥匙串等礼品以外的首饰类产品（袖扣和手链）中。

第一批腰带出现在 20 世纪 70 年代早期，被打造成带有船锚标志的镀银船锚链造型。也是在这一时期，金项链和女表上开始出现 Marina（航船）标志，获得了巨大的成功，风靡了当时整个贵族时尚圈。

古驰自主保持着对现代风格独到的洞察力和无穷的创意，在 2007 年，古施首次对航船这一符号进行了重新的诠释，创作了一个由项链、手链和耳环构成的独树一帜的产品系列。该系列将醒目的航

Gucci Trademark 镌刻蝴蝶造型纯银耳环

左图
Icon Stardust 系列 1 项链，璀璨的宝石与双 G 互扣图案辉映

右图
icon Twirl 项链再现双 G 魅力

船锚链与马衔扣中心元素和谐地进行组合，强化了首饰的标志性。

Marina Chain 系列围绕着项链、手链和耳环进行配合设计，仅提供 18K 黄金或白金及钻石材质货品，对这一符号做出如此简洁利落的诠释，却从而使该系列珠宝一举获得更加惊艳的效果。

Icon 系列的诞生是从古驰品牌创始人古奇欧·古驰的名字而来的灵感。因为 GG 标志的灵感就是来自古奇欧·古驰的名字，这个标志始创于 20 世纪 20

年代，后来经过重新演绎成为独特的钻石形印记，成为60年代后期的标志性装饰主题。

精美首饰Icon系列直接从这一最具标志性的古驰主题中获取灵感，并在戒指、耳环、吊坠和手链上推出了双G互扣图案。

这一标志的衍生序列在以下多个产品系列中得到了充分诠释——Icon、Icon Stardust、Icon Twirl和最新创作的Icon Bold和Icon Coin。

以上提到的每一个系列都以18K白金、黄金或玫瑰金手工制作，部分镶有白色、棕色、黑色钻石以及粉红色蓝宝石。

锥形钉（Chiodo）是古驰珠宝品牌中除了GG之外最盛行的珠宝系列。它的灵感来源于马蹄铁，固定于马蹄之上的锥形钉。

早在20世纪60年代，这款系列就开始出现在古驰的珠宝及腕表的设计当中，也是从那时起，Chiodo系列就已经是古驰珠宝中最受客户们追捧的目标了。

提到锥形钉，就不得不提到古驰的现任创意总监弗里达·贾娜妮（Frida Giannini）。弗里达·贾娜妮是一个才华出众、对创作充满热诚的人，也是因此，

左图
Horsebit Cocktail 18K白金镶嵌蓝色拓帕石，以其独特的宝石镶嵌为特色

右图
Wedding系列戒指将经典元素融入创意设计中

她才迅速成为全球公认国际知名的高级时装品牌设计师。

弗里达于1972年出生于罗马。她进修于罗马时装学院（Rome' s Fashion Academy）修读时装设计，其后在一家小规模的时装公司工作。她于1997年加入芬迪（Fendi）出任服装设计师，三季后被委任为芬迪皮具设计师。

2002年9月，弗里达加盟古驰出任手袋设计总监。仅仅两年后，她被高层慧眼看中，就任为品牌的配饰创作总监，负责手袋、鞋、手提包、小型皮具、丝巾、精美珠宝、礼品、手表及眼镜等一系列产品，可见高层对她的信任有加。

弗里达以其别树一帜的自信及坚强信念，自出任创作总监一职起，就为品牌的配饰系列注入其独特的风格。

透过重新演绎古驰过去的经典元素，如花卉图案和骑士形象，弗里达为古驰注入新的活力，设计出时尚而性感的新形象。2005年3月，弗里达被委任为古驰女装创作总监，并同时主理品牌的所有配饰系列。

2006年1月，弗里达进一步掌管男装设计，正式成为品牌的创作总监。她的创新意念及丰富想像力，结合她对古驰传统的透彻领悟，带给世界各地的时尚追随者无限惊喜。弗里达经常周游列国，不断寻找创作灵感及文化体验，多姿多彩的生活使她更懂得现代女性对古驰珠宝的要求。

正是在弗里达·贾娜妮的领军下，古驰对于涉足高级珠宝领域相当积极，亮相高级珠宝新作。又将马衔链、双G、植物（Flora）、花虫图腾等品牌经典元素融入创意，并藉美钻、宝石镶饰映现耀眼的

左图
玫瑰金Bamboo竹节造型吊坠缔造经典永恒

右上图
Toggle Heart纯银手链造型简洁优美

中图
icon Twirl中窄版戒指，经典的双G互扣图案纯银戒指

右下图
Bamboo中版黄金手镯

时尚风华。

她的幽默和细腻的审美眼光，不断体现在她的设计当中。她既会细细品味 50 年代的拉斐尔 (Raphael) 扶手椅，也懂得欣赏大卫· 鲍威 (David Bowie) 的新浪潮专辑封面，将各种美学元素兼容并蓄。

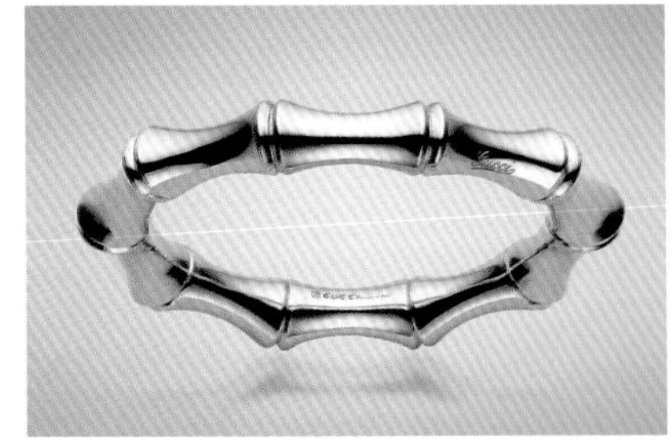

Love Britt 系列是弗里达设计理念的完美体现。它是古驰珠宝中以纯银系列备受赞誉的一款。纯银材质款式和粉红色猫眼石款式，则是古驰为LoveBritt 系列推出的新款首饰，以丰富其最耀眼的纯银系列。

该标志基于1969年原创的Gucci“Britt”独特图案，以瑞士女演员Britt Ekland命名。粉红色猫眼石象征着真爱来临。这款首饰在设计过程中正是考虑并采用了这一寓意。

Love Britt 粉红色猫眼石款在立体感十足的粉红色猫眼石周围打造出有标志性的双G互扣图案，整个系列包括手链、坠饰和耳环。该款的项链装饰着一个心形吊坠，长长的银链还配有心形扣。美观和优雅的心形在纯银光泽的映衬下与猫眼石交相辉映，更彰显了宝石的弥足珍贵。

作为“需求促进发明”这一说的典型例证，竹节(Bamboo) 系列最初是在20世纪40年代引入的。该创意针对二战期间原材料匮乏的状况，创造性地提出一个不同寻常的解决方案。竹节被证明是一种极具创新、吸引力且实用的替代材料。从那时开始，竹节系列就不断地被佛罗伦萨设计室所采用，制作成一系列别致而令人渴望拥有的物品。

此后，竹节系列也成了古驰标志中最为独特的一个。以至到1971年竹节造型再现于手链上，材质采用银和珐琅或18K金。设计师想以这种形式证明竹节是令人叹为观止的时尚而永恒的元素，一代又一代的设计师根据他们所处时代的品位，不断对竹节进行着属于各自时代的诠释。

如今，弗里达·贾娜妮成功地通过古驰精美首饰系列，对竹子这一植物的美丽轮廓进行了成功的诠释。从戒指、耳环直到手链、袖扣和项链，竹节标志创新地采用18K金塑造，并饰以白色或棕色钻石，实现了独特的设计与古驰的全新工艺技术的结合。

古驰的珠宝系列和其旗下其他产品有着一个共同的特点，那就是以高档、豪华、性感而闻名于世，以“身份与财富之象征”的品牌形象成为富有的上流社会的消费宠儿，一向被商界人士垂青，时尚之余不失高雅。

珠宝系列虽然相较于其他产品起步比较晚，但正是因为如此，才使得古驰的珠宝系列有着无限的发展潜力和强大的发展动力。

在现有的珠宝品牌里，古驰珠宝可谓是最炙手可热的品牌。它的作品被赋予了奢华、性感、现代的品质，是现代奢华的终极之作。

竹节(Bamboo)纯银宽版手镯，而镀钯光泽的复古质感、竹节以及蛇纹完美地演绎了品牌的独特个性

海瑞·温斯顿
HARRY WINSTON

精致奢华的珠宝巨匠

作为一位在业内举足轻重的珠宝巨匠，海瑞·温斯顿(Harry Winston)在100多年间曾书写了众多传颂至今的浪漫佳话。2011年，海瑞·温斯顿再度荣登美国上流社会人士心中奢侈品珠宝品牌的榜首位置，而拥有一枚海瑞·温斯顿的铂金订婚戒指，无疑也意味着与传奇和奢华为伍。

海瑞·温斯顿先生拥有天赋般精准的珠宝鉴赏能力，一直为世人所津津乐道，而他灵活的生意头脑，更是奠定海瑞·温斯顿品牌价值的关键因素。这位创始人自小就对珠宝有着过人的欣赏能力，凭着对珠宝的热爱与执着，他创造了世界上独一无二的“珠宝宫”，网罗了珠宝史上众多有名的钻石与宝石。这

左图
海瑞·温斯顿先生

右图
他的钻石切割技艺与周密谨慎的揣度，总能让珠宝经转手后增加数倍的价值

1932 年，海瑞·温斯顿先生以自己的名字为招牌，成立了一家同名珠宝公司

些璀璨的稀有珍宝也让世人大开眼界。

1890 年，大批的欧洲移民开始进入美洲这片新大陆来开拓自己的生活，一位手艺精湛并怀抱梦想的珠宝匠也在其中，他就是海瑞先生的父亲——雅克·温斯顿 (Jacob Winston)。起初，雅克将纽约作为自己事业开始的地方，并在曼哈顿地区开设了一间小型的珠宝与腕表工坊，凭借其精湛细腻的技术和手艺，雅克逐渐令这家小店变得远近驰名。1896 年，海瑞在纽约出生，受父亲的影响，海瑞从小就对珠宝怀有一种特别的感觉。12 岁那年，他便以 25 美分的成本在一堆廉价的假宝石中挑选出一颗 2 克拉重的祖母绿宝石，并在两天后以 880 美元的高价卖出。那颗祖母绿身上的光芒不仅吸引了小海瑞的目光，同时也照亮了他传奇般的珠宝生涯。15 岁时，小海瑞离开学校，全力帮助父亲打理珠宝店的生意，期间还在一些沙龙里向那些富有的石油大亨们出售自己的珠宝。后来，他的父亲在纽约开设了另一家珠宝分店，于是，18 岁的海瑞便与父亲一起

来到纽约，拿着2 000美金，开始完全凭借自己的能力在纽约钻石交易中心买卖钻石。要知道，此举需要有坚定的信心、果断的抉择和一种“赌徒”般的过人胆识。

与生俱来的敏锐直觉和独到眼光让海瑞很快便在这一行站稳了脚跟。1924年，海瑞正式开启了他灿烂辉煌、繁荣盛大的珠宝王朝，他在纽约第五大道535号建立了自己的新公司——优质钻石公司，专门经营钻石买卖，一段围绕着珠宝展开的华美传奇也就此正式上演。

为了在纽约珠宝界打出一番天下，几经实验与观察之后，他便发现“低价收购旧珠宝饰品”是一条发展事业的好路子。第一次世界大战后，许多贵族纷纷将自己收藏的珠宝首饰低价脱手换取现金。海瑞把握住了这样的好机会，大量收购那些已经过时的首饰，将宝石卸下重新切磨，使它们变得更加的璀璨耀眼，再以当时最时髦的镶法，将其打造为款式新颖的首饰出售。

海瑞精湛的钻石切割技艺与周密谨慎的态度，总能让珠宝转手后增加数倍的价值。仅仅两年时间，他便将其有限的资产增加到了一万美金，而其所拥有的珠宝价值也已达到了两万美金。不幸的是，就在此时，一位助手卷走了他所有的钞票和珠宝，但

左图
HW logo钻戒婚戒系列，以“HW”为造型特点，将圆形明亮式切割钻石爪镶置于戒指顶端

右图
HW戒指除了代表着品牌Harry Winston的首字母缩写，更代表着Husband（夫）& Wife（妻）的涵义

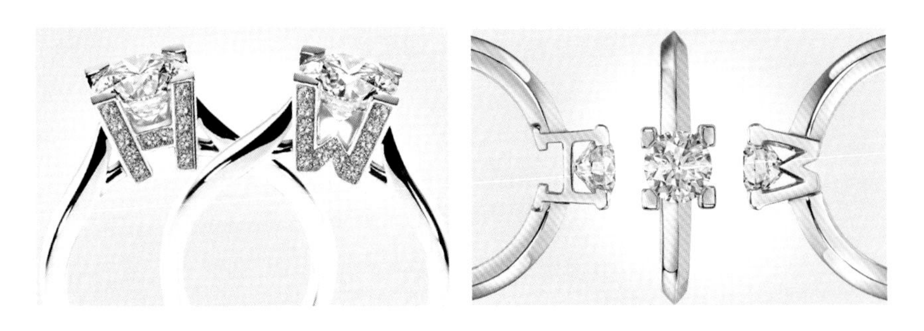

1960 年，海瑞·温斯顿迁入第五大街与 56 号街的纽约市中心地区

凭着胆识与信心，海瑞很快便东山再起。在银行的帮助下，他重新建立起了自己的新公司。1932 年，此时的海瑞已是一名成功的珠宝商，他以自己的名字为招牌，成立了一家名为海瑞·温斯顿的珠宝公司。海瑞交游极广，豪富名媛无不相识，由此很快让自己也成了纽约社交圈内的一位名人，他的珠宝顾客包括了欧洲及亚洲地区的大小王室，如尼泊尔、印度、伊朗、沙特阿拉伯、摩纳哥和英国等国的国王王后、王子公主，美国本地铁路、石油、报业大亨、工商业巨子、政经领袖、电影明星等等。

海瑞曾说过："如果可以的话，我希望能直接将钻石镶嵌在女人的肌肤上。"由此可见海瑞对于钻石珠宝的狂爱之情溢于言表，于是，人们便为他冠上了"钻石之王"的美称。在近百年的经营中，海瑞·温斯顿公司拥有并买卖过 60 枚左右的珍贵宝石，在传奇宝石珍藏的领域，海瑞的私人收藏甚至还超越了众多巨贾皇室。种种奇闻轶事使得海瑞本人及其品牌更具传奇色彩，而这也正是众人为何将海瑞·温斯顿珠宝视为毕生珍藏的最主要原因。

在海瑞的收藏生涯中，他总共拥有过三颗空前绝后、震惊世界的巨钻。它们依次是：琼格尔钻石(Jonker Diamond)、瓦尔加斯钻石(Vargas)和西拉·莱昂内钻石(Sierra Leone)。琼格尔钻石是海瑞切割的第一颗巨型钻石，重达726克拉，为南非人雅克布斯·琼克(Jacobus Jonker)所发现，因此便以他的名字为钻石命名。第二颗巨钻是来自巴西的瓦尔加斯钻石，巧合的是，瓦尔加斯钻石也重726克拉，与琼格尔钻石的重量完全相同。这样的事情在钻石界中闻所未闻，其发生的概率也仅有十亿分之一。

1972年，海瑞·温斯顿买下了他的第三颗巨钻——西拉·莱昂内钻石，其重量高达970克拉，也是历史上重量最大的原石之一。一年之后，西拉·莱昂内钻石被切割成了17颗宝石，总重量为238.43克拉，原钻的切割场景在全球进行了电视转播，可谓盛况空前。为纪念这一钻石史上备受关注的重大事件，非洲某国还特地发行了一套纪念邮票，这也让海瑞·温斯顿成了全球唯一一位曾登上过邮票的珠宝商人。

左图
45.52克拉的“希望之星”项链有着令人窒息的奢华美感

右图
海瑞·温斯顿的私人珍藏中有三颗空前绝后、震惊世界的巨钻

提到海瑞的稀世珍藏，就绝对少不了“希望之星”(Hope Diamond) 这颗历史上最为神秘、知名的蓝钻。重达 45.52 克拉的“希望之星”有着令人窒息的奢华美感——在深邃静谧的湛蓝色调中泛着一丝灰色调，周围以 16 颗梨形及枕形切割的白钻点缀，搭配 45 颗钻石打造而成的项链，令所有有幸观赏到它的世人都不禁被其深深吸引。

产自印度的“希望之星”本身也是极具传奇色彩。早在 350 多年前，“希望之星”就已经被人们挖掘了出来，并被法国王室收藏了上百年之久。直到法国大革命期间，它突然离奇失踪，之后又突然出现在了伦敦一场拍卖会的现场。“希望之星”此后几经易主，直到 1949 年被海瑞买下，最终结束了它谜一般的神秘旅程。

1958 年，海瑞慷慨地将这颗钻石捐赠给了美国华盛顿特区的史密森机构。于是，在这家博物馆的海瑞·温斯顿艺廊中，人们便可有机会一睹这颗传奇美钻的绝世光彩，而它自然也成了这家博物馆内最受人们喜爱的名品珍藏之一。1978 年，海瑞先生在纽约逝世，其子罗纳德·温斯顿 (Ronald Winston) 成了公司的新任掌门人。与自己的父亲一样，罗纳

左图
享有“钻石之王”美誉的海瑞·温斯顿，代表着美国顶级珠宝永恒传奇

右图
海瑞·温斯顿的钻石袖扣，华贵得体

德也有着天生优秀的商业头脑，他不仅延续了公司的辉煌传统，更是在原有基础上不断创新，从而也让这个已有近百年历史的老品牌焕发出了新的活力。

由于祖父是制表师的缘故，罗纳德从小就对钟表有着一种特殊的情感，在接管公司后，他便凭借自己在精密机械方面的热忱与专业知识，成功将珠宝与腕表设计完美结合在了一起，并于1989年成立了海瑞·温斯顿手表部门——Harry Winston Rare Timepiece顶级时计系列，为公司带来了全新的发展导向。

罗纳德曾经说过："表面和表带，就如同是宝石的镶嵌台，拥有宽广无限的创意空间，是另一个让钻石绽放出璀璨光彩的舞台。"在这家品牌推出的各款腕表产品中，人们能够真切地体会到这位年轻掌门人的良苦用心，而他也将时计变成了一个"可以诉说时间的珠宝"。此外，罗纳德对于彩钻也是情有独钟，在父亲的收藏中，除了无数举世震惊的顶级钻石外，各种色泽饱满、内无杂质的高品质彩色宝石也是让他倍感自豪——椭圆形切工的红宝石、祖母绿形切工的蓝宝石，以及罕见的圆形切工祖母绿宝石……它们所散发的瑰丽色泽，令人惊叹不已。

为何海瑞·温斯顿的珠宝总是如此完美？事实上这与优质的宝石原料和精湛的手工艺有着密切关系。首先，素有"钻石之王"美称的海瑞·温斯顿向来只会挑选最出色的宝石原料，其经手过的无数珍宝也是该公司最大的骄傲之一。另外，海瑞·温斯顿品牌的手工艺可谓是无可挑剔，为了能够让钻石在最小的体积内容纳最大的光芒，好的切割手法无疑会起到至关重要的作用。作为钻石花式切割翘

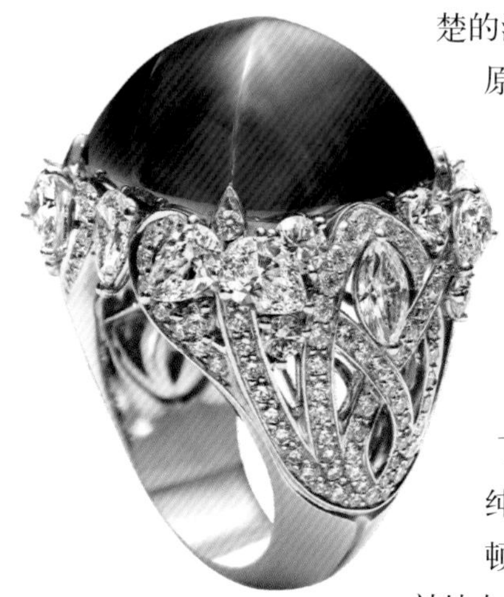

Royal Gardens 系列蓝宝石钻戒，在指尖绽放一抹璀璨

楚的海瑞·温斯顿宁愿以牺牲重量来为每颗原石找寻到最适合的切割形状，尊重每一块原石的本型，最终便可让钻石闪耀出最完美的光芒。海瑞·温斯顿从不会事先画好设计图纸然后再去寻找宝石，而是会根据每颗宝石的原型进行创意发挥，海瑞·温斯顿最为著名的群镶镶嵌设计法 (Cluster) 不但保持了宝石原有的色泽，更是将钻石最自然、纯粹的一面呈现了出来，成了海瑞·温斯顿设计中的经典之作。

就比如说海瑞·温斯顿 Garland 系列，就采用了独特的群镶镶嵌设计法，以 Open Cluster 为主，从中心向外排列，呈现出较为外放的视觉效果，令钻石仿佛漂浮于半空之中；而品牌全新推出的 The Incredibles 顶级珠宝系列，则选用了独一无二的精选上等宝石，并加以非凡精致的设计与极美的线条比例，让世人体验到海瑞·温斯顿的传奇魅力——几近完美的稀有祖母绿、粉红、靛蓝、翠绿、金黄……色彩浓艳的彩钻闪耀出慑人光华，美石当前，一切言语都显得如此的苍白乏味。

现如今,海瑞·温斯顿已在纽约、比弗利山、巴黎、伦敦、北京、东京和新加坡等地开设了 19 家零售沙龙。随着中国市场对于奢侈品珠宝及手表需求的迅速增长，2007 年，海瑞·温斯顿以全新概念打造的中国大陆地区旗舰店落户北京王府井半岛饭店，展示出卓然独特的品牌精神。这家概念店由蒂埃里·德蓬 (Thierry Despont) 亲自操刀，内饰设计有别于一般精品店的展示专柜，为客户提供的也是一种仿效贵族爵士豪宅般的顶级奢华感受。

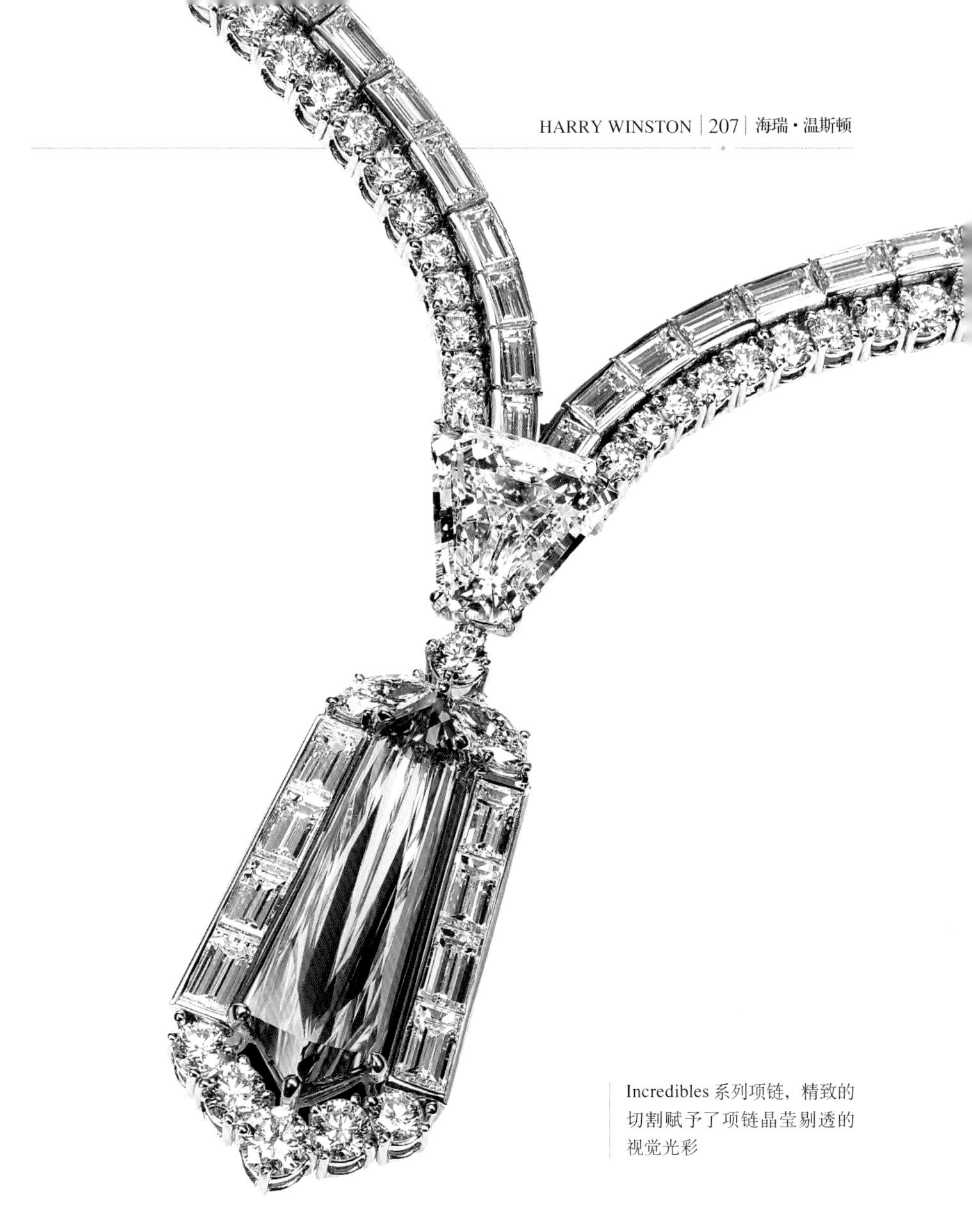

Incredibles 系列项链，精致的切割赋予了项链晶莹剔透的视觉光彩

自古以来，钻石因最高硬度矿石的属性，成了永志不渝的梦幻象征与最佳信物。秉承前辈的伟大信念与坚韧毅力，海瑞·温斯顿将会始终如一地锻造出精致奢华的珠宝及手表作品，为世人呈现出一场又一场弥足珍贵的璀璨飨宴……

爱马仕
HERMÈS

极致高雅的法国奢侈品牌

拥有 170 多年历史的爱马仕 (Hermès)，世代相传，以其精湛的工艺技术和源源不断的想像力，成为当代最具艺术魅力的法国高档品牌。

爱马仕商标设计的灵感源自于埃米尔·爱马仕(Emile Hermès) 收藏的一幅由阿尔弗雷得·多尔所画的作品《四轮马车与马童》。该画的画面为一辆双人座的四轮马车，由主人亲自驾驭，马童随侍在侧，而主人座却虚位待驾。其中的含义即为：爱马仕提供的是一流的商品，但是商品所独有的特色和气质，需要消费者自己理解和驾驭。

左图
爱马仕全球首席执行官帕特里克·托马斯(Patrick Thomas)

右图
橘红色包装袋组成的“H”

爱马仕像创造生命、创造生活一样去创造让人观赏、让人爱不释手的作品。环环相扣的手链以及在这设计基础上加以变化的戒指，均以隐约的姿态去阐述马术世界

左图
精益求精的珠宝工艺

右图
福宝大道总店老照片

爱马仕的包装袋也有着非常有趣的故事。第二次世界大战前，爱马仕的包装盒以及其他包装袋，已有了它们至今可见的特有外形，只是当时是由仿猪皮的米白色卡纸制成的。但是在战争期间，包装袋纸存货很快就用完了。当时所有物质均按配额发放，爱马仕无法为了包装纸而去请求“解禁单”，只好使用制造厂仅存的全橘红色卡纸。于是在战后，爱马仕就选择了橘红色作为包装的颜色，来纪念那个资源贫乏的时代。当然，卡纸是磨砂的，颜色也更加鲜艳一些。

随后，品牌推出了印有爱马仕标志的包装袋。此包装袋有几种不同的颜色，如栗色、灰色、红色，象征着爱马仕的不同产品部类。如今，爱马仕一共有 178 种不同型号、尺寸的橘红色包装盒。

爱马仕对其高级珠宝经营之低调，让人忘了其实早在 20 世纪 20 年代爱马仕即已成立珠宝部门。但其珠宝在品牌粉丝的拥戴下，仍有着细水长流的销售佳绩。

2010 年，爱马仕家族开始推出高级珠宝系列，品类齐全，包括珠宝项链、指环、手镯等，以简洁璀璨的风格和高贵中略带典雅的气质谱写出高级珠宝的永恒篇章，真正地回归到爱马仕的品牌根源，以简单有力的表达方式传承经典与优雅，蕴含着品牌精益求精的创意与激情，让人忍不住一窥究竟。

爱马仕的高级珠宝殿堂丰富多彩，其中的顶级首饰系列彰显了其源源不断的创造力。爱马仕像创造生命、创造生活一样去创造让人观赏、让人爱不释手的作品。

凯莉（Kelly）包在演绎了一段穿越时空而经久不衰的传奇后，经典的 Kelly 元素也被大胆运用在高级珠宝的设计中，奢华的材质更将 Kelly 系列高级珠宝的优雅和经典彰显得淋漓尽致。

Alchimie 系列玫瑰金镶钻石手镯更是将爱马仕珠宝标志性设计重新诠释，它将 Collier de chien、Kelly、Boucle Sellier 以及 Chaine d' ancre 系列在同一款圆形手镯上融合起来，一起诗意地将手腕装点起来，结合了玫瑰金的柔和与钻石的闪耀夺目，让人产生永恒律动的错觉。

福宝大道 24 号爱马仕旗舰店

现任珠宝设计总监皮埃尔·哈迪(Pierre Hardy)是在2001年接手设计大任，他多以品牌制作马具起家的精神出发，将马镫、马衔、马勒等融于珠宝设计。

皮埃尔·哈迪设计了专门的珠宝系列后，爱马仕在高档珠宝界急速发展，14件“haute bijouterie”高品位珠宝首饰，凸显出品牌与一般的奢侈品公司以及与传统的珠宝公司之间的差别。哈迪表示其珠宝首饰的设计灵感来自于与马有关的一切。

拿出一张纸、一支笔，构思与造型的灵感就此在设计师皮埃尔·哈迪的脑海中如泉水般涌现。他将人们钟爱的经典手袋重新塑形，使它们幻化作惟妙惟肖的珠宝首饰。

用玫瑰金与白金编织出网格图案、镶嵌上钻石，连手袋上的标志性鳄鱼皮鳞纹都灵动、柔软、清晰可见。其高贵的素材诸如玫瑰金、白金、钻石等都源于大自然、取自地脉深处，鲜活而富有生命力。

爱马仕戒指的特质是优美，一种完满的平衡感

如同雕琢美玉般，爱马仕工匠和金银匠们的娴熟驾驭与精益求精，让这一全新阐释的高级珠宝系列手袋拥有一种罕见超脱之美，他们用前所未有的新兴方式，将一切灵感释放，用美好的工艺、精湛的技艺配以时光的雕琢，把每天的体会乘以百倍地回馈。

锚链作为爱马仕系列中元老级的常青树，是爱马仕贯穿始终的经典设计元素，在多款项链、耳环、手镯、指环的设计上千变万化。

古典与庄重素雅的风格并存的戒指

而此次的锚链也新意十足，恰若狂风暴雨来袭，零乱却美丽、深邃而灵动。此款白金镶钻石 Chaine D' Ancre 锚链手袋，以标志性锚链形态对部件进行加固，在向经典致敬的同时也彰显烘托它的精妙绝伦。手袋周身共镶有 11 303 颗钻石，重达 86.24 克拉，在金属重量的作用下，这些锁链极富垂坠感，随着每次移动相互契合、交相辉映，为这款极具和谐美感的珍贵珠宝带来了活力。其多面性和超常的白金重量使它成为夺人眼球的一款作品。

以四季盛行的马术运动为主题，2012 新一季的珠宝设计从马鞭和马蹄上挖掘灵感。这些刚健有力的形象被巧妙地融入珠宝当中，拿捏得当，使得珠宝在略显霸气的外形下展现出极致的优雅，与我们“阴阳相生，强弱相较”的概念相吻合。

经过两年的制造，这些作品更多是利用宝石原始的形态（像马蹄一样的形状）。项链、手镯、耳环以及戒指的灵感都来自于马蹄，Fouet 钻石项链则被做成了鞭子状。华丽精致的工艺、细微繁复的造型，宛如一件典藏的艺术瑰宝。

爱马仕纯银项链垂饰

秉承原款包的优雅勾勒，加以外形上的精致修饰，此款玫瑰金、白金镶钻石的迷你柏金(Birkin)珠宝手袋结合了玫瑰金的柔和妩媚、白金的闪烁萦绕与钻石的华丽动人，经历设计师7个月反反复复的设计与定稿，历时1 600小时一丝不苟的精耕细作才最终完工，足见爱马仕对精湛工艺的赤诚与坚守。

手袋周身共镶嵌2 712颗夺目耀眼的钻石，重达89.22克拉，为爱马仕的经典铂金手袋带来了全新的观感，默默地传达着爱马仕这个拥有170余年悠久历史的品牌对优雅、精致与浪漫的理解。

银质手镯是对1927年诞生的Collier de chien系列的全新诠释，简洁大方

Fouet中还有一款马鞭型铂金项链，有着优美的曲线，表面镶嵌着3 669颗钻石，熠熠发光，佩戴在脖颈上，生动撩人，鞭尾的几串小钻自肩部自然下垂。

Centaure珠宝给我们带来的愉悦同样不减。戒指的中心部分是一只光亮的黑色玉质马蹄，蹄面朝上，下接一圈细小的钻石，最底部是闪耀的玫瑰金底环，夺目的光泽映照在其上方的黑玉马蹄上。镶满细钻的马蹄围成项链和手链，以一种飞奔的姿态环绕在脖颈和手腕之上。

一定有人发觉并感到困惑，为什么爱马仕将其珠宝称作"haute bijouterie(高级珠宝)"。很矛盾是不是？在法国有关宝石的词汇表中，bijouterie一般是指那种稍显廉价的珠宝。而爱马仕在此开了个玩笑，戏谑地冠以如此称谓，是因为此次的设计工艺中省略了"haute joaillerie(顶级珠宝)"惯用的大颗宝石。

爱马仕纯银耳环，线条优美灵动

与爱马仕品牌的其他产品一样，爱马仕珠宝的特质亦是优美，以及一种完满的平衡感。在这里，已成为某种传统的艳丽色彩总是与古典风格和庄重素雅的风格相联系。这两个概念是可以彼此兼容的。设计师知道如何制作一件简易、朴素、可供日常使用的物品，与此同时又能平添一份额外的惊喜。

爱马仕珠宝的设计灵感源于马术运动的世界，人们能从这些珠宝作品中看到、感知到旅程的痕迹以及他们在马的世界里度过的美好时光。

不管这些痕迹多么细微，在设计珠宝时，设计师皮埃尔·哈迪先生都会竭力保留，他懂得这种体现并不一定得通过造型轮廓来体现，在细节上添加一点暗示就足够了。

爱马仕珠宝设计师皮埃尔·哈迪以品牌精神为题，每一季都有极具巧思的全新创作问世。运用玫瑰金、白金搭配白钻、褐钻等材质，设计出一系列珠宝让女士可以轻松穿戴搭配造型而不是刻意利用穿戴者来突显珠宝本身的价值感。

爱马仕珠宝还有一个很大的特色就是银饰品。身为马具制作起家的品牌，一百多年前品牌起初制作的商品就是纯银的马具配饰。

从马衔、马镫，到各式相关马具等，皆是工匠以纯银材质手工打造，而且还是依照客人马匹量身订制。

因此，直至今日银饰品仍是爱马仕珠宝中一个很重要的系列，从戒指、手环、手链到项链等，爱马仕提供有许多纯银饰品供客户挑选。

爱马仕珠宝与其他精品不同的特色在于先想好设计，宝石是依照设计而被裁切，并非坊间一般是先看珠宝大小，再以最大效益方式设计样式，两种不同做法在于成本的迥异以及商品设计的品牌精神。

皮埃尔·哈迪珠宝的设计理念，是以适合日常穿戴可增添造型的 daily jewelry 为概念，不论是永恒经典的简约风格或刻意放大线条比例的摩登款式，让女士们都能依照不同的出席场合轻松佩戴。

Hermès Nombre D' or 系列手镯，以四季盛行的马术运动为主题

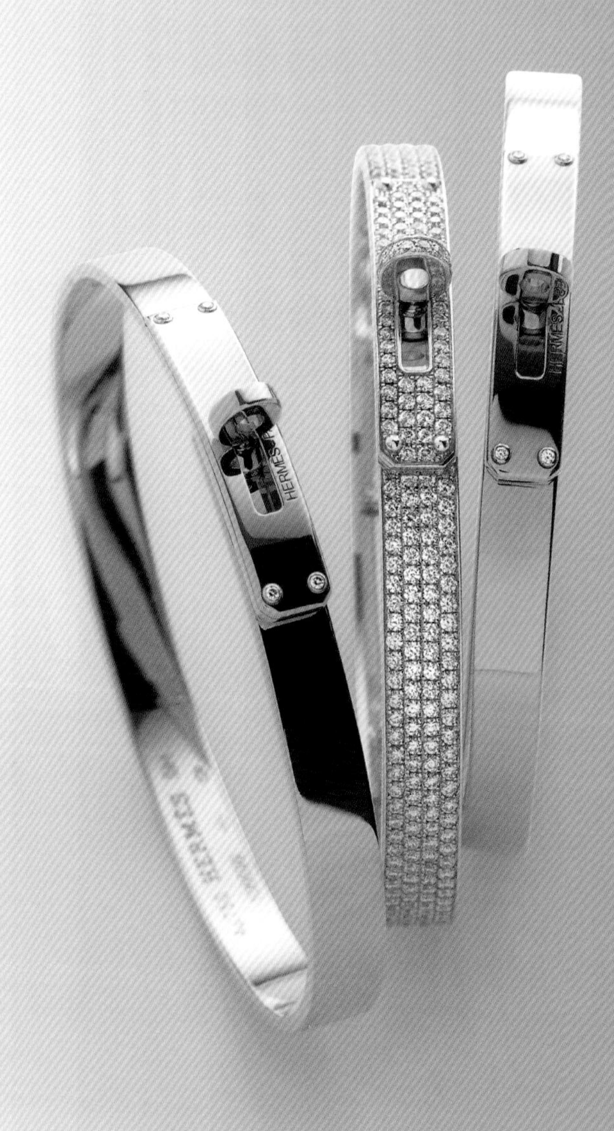

Hermès Nombre D' or 系列手镯设计从马鞭和马蹄上挖掘灵感，独一无二

如今爱马仕集团总部仍坐落在巴黎著名的福宝大道。而它的精品则分布于世界30多个国家和地区的数百家专卖店里。

这个以马具制造起家的集团王国，在历经五代传承和百余年辉煌之后，至今仍旧保持着经典和高品质，并凭借其一贯秉持的传统精神，在奢侈品消费王国里屹立不倒。

杰出而富有创业精神的六代成员陆续开拓版图，征服了新的市场。爱马仕一直忠实于其创立人制定的基本价值观，并在他们的带领下，开始了对革新与进步的世纪追求。他们尊重过去，同样醉心于未来。对精致素材和简约表现的热衷，对传世手工技术的挚爱以及那种不断求新的活力，在爱马仕代代相传。

手链的表带款造型创意不凡

景福
KING FOOK

香港知名珠宝

景福集团的前身为景福金铺，由已故创始人杨志云先生于1949年10月8日在香港上环文咸东街5号开始经营业务。创立初期，景福金铺主打黄金提炼及金条买卖，集团宗旨为“忠诚、勤奋、敬业”。

在公司创始人这一创业总值的指导下，两三年之后，景福金铺的“双马”商标便受到了广大消费者的青睐，广销东南亚地区，而“双马”现在也已经成了景福珠宝的经典标志。

景福艺门在香港 The One 商场的专门店

“景福”这个老字号已植根于老一辈的顾客心中，但高品位顾客仍有待对品牌作更深入的认识。Screwing Magic 系列戒指，中性干练的设计之中，又给予佩戴者无穷的可能性

左图
景福艺门店内部设计

右图
景福一直致力引进世界各地最新颖、最超卓的珠宝钟表

十年后，业务扩展至零售业务，销售黄金首饰及珠宝。首间店铺设于美丽华商场，作为九龙区的分店，并于翌年开始销售钟表。1965 年，景福黄金及珠宝（九龙）有限公司正式注册成立。

1971 年，集团于中环景福大厦开设第一间大型金饰珠宝钟表店景福珠宝，并于 1973 年将九龙店改为有限公司，扩大业务，增售外国礼品。

1988 年 3 月，景福集团有限公司于香港联合交易所正式挂牌买卖，成为一间上市公司，步入另一个新纪元。

多年以来，“景福”这个老字号已植根于老一辈的顾客心中，但高品位顾客仍有待对品牌作更深入的认识。因此，自香港于 1997 年回归祖国后，集团决意改革，投放新的资源开设了高级珠宝钟表概念店——景福艺门 (Masterpiece by king fook)。

首间景福艺门店铺于 1999 年在品牌集中地太古广场开业，引入多个外国品牌及自家独有品牌 360° 系列的最新钻石饰品。景福艺门的概念在业界广受好评，集团遂于 2000 年在中环中建大厦及尖沙咀再开设两间分店，并在 2007 年于中环嘉轩广场开设第四间分店，以方便顾客选购。

景福艺门独家代理的国际品牌包括有艾伦·芭莎 (Aaron Basha)、阿兰·菲利普 (Alain Philippe)、卡玫丽 (Annamaria Cammilli)、克莱尔 (Clerc)、HD3、捷克豹 (Jacob & Co.) 等。

古希腊人深信钻石是散落人间的星之碎片，亦代表着神的眼泪；钻石一词更是源自希腊文 Adamas，有无敌和不朽的意思，也象征永恒的爱。钻石就是永恒之爱的象征，由远古浪漫传奇到现今仍然永恒存在。景福珠宝春季最新推出的“Balletto 爱·转”系列指环，让您随时随地焕发千变万化的光芒，转焕出完美人生。

“Balletto 爱·转”系列指环意念独特创新，指环上的单颗钻石闪烁夺目，以螺丝连接将钻石转进指环上，取名为意大利语“Balletto”，有“跳舞”之意；意指佩戴者于不同阶段都可自行转换镶嵌于指环上的单颗钻石，比如说由 0.5 克拉至 1.5 克拉不等的单颗钻石，均可以由精巧和稳固的螺丝旋转式与戒指环圈连接，犹如芭蕾舞者做出的优雅旋转动作一般。

景福珠宝的作品可以随时随地焕发千变万化的光芒

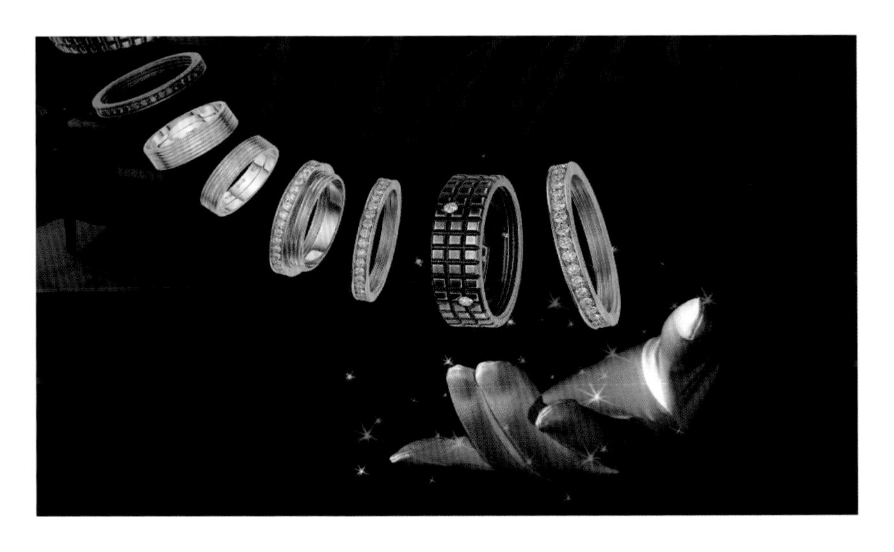

景福艺门打造精品珠宝概念

生日、节庆、毕业、求婚、结婚、周年纪念……人生中总会经历不同的阶段和变奏，在不同的阶段，我们都可以拥有经顶级车工切割的完美钻石，代表不同的爱和完美。一颗又一颗完美钻石照耀您的人生，光芒万变地一同闪耀成长。

2012 年为“双春”兼“闰月”，是非常适宜嫁娶之好年，“双春”象征一年之初，并有开枝散叶之意，而“闰月”则有滋润和丰收象征，寓意一对夫妻爱情滋润，恩爱和睦，因此许多新人都选择在 2012 年结婚。

景福珠宝也紧随潮流，推出了富有传统色彩的足金龙凤项链，以及设计时尚的爱火系列足金戒指和襟针套装。

景福珠宝最新嫁囍系列中的龙凤项链，是以千足金精工打造而成，项链上一对栩栩如生的立体“腾龙”及“跃凤”，手工精巧细腻，极具立体感，是工匠的心血结晶，更寓意富贵吉祥，尽显非凡气派。

喜欢时尚摩登的新娘子，也可选择景福的“爱火”系列。该系列包括足金戒指及市面上较为罕有的足金襟针，用以配衬裙褂或艳丽晚装，极具时代感。足金“爱火”戒指及襟针造型犹如一团燃烧中的熊熊爱火，而一缕缕极富动感的足金金丝所代表的爱火焰，象征新人之间永不熄灭的轰烈爱情。“爱火”也一如时尚的欧洲首饰，新娘子婚宴后可继续作日常佩戴。

由远古至今，福气、得禄和长寿均是民间一直重视的福愿，已有 60 多年历史，素以精炼技术和优质素材而闻名的这家港岛著名珠宝商，也全新推出了一套由三件福、禄、寿三星组成，名为“三星拱照”的立体足金摆件。

景福钻石耳环在耳畔摇曳生姿

景福“三星拱照”系列的福、禄、寿造型栩栩如生，线条细致。三星尺寸约 315 至 335 毫米高，共重约 2 000 克，分量十足。福星手抱孩童代表福气、好运和快乐；禄星头戴官帽，手执中国的吉祥物如意，代表合顺心意、达官显贵和财运亨通；而寿星额头突出，双眉长垂、手持杖棒和桃子，象征健康及长寿。福星、禄星和寿星三位吉星笑脸迎人，给人一种吉祥和善的感觉，适合作为家中摆设或送礼庆贺，是取其吉利祥瑞之意的最佳之选。

Masterpiece 意为“最佳艺术品”，主要为顾客提供其独家代理的顶级钻石、珍贵珠宝

及优质的名牌钟表等国际品牌，带领集团迈向更高领域。

豪华珠宝品牌 Aaron Basha 推出全新的 “Leather Strap” 系列。摩登迷人、优雅妩媚的 “Leather Strap” 系列，是品牌经典 18K 白金、黄金手链及手镯以外，另一轻便时尚之作。

“Leather Strap” 系列手镯除了蟒蛇及鳄鱼皮等名贵皮革外，还有以小牛皮制造的款式，且有单带及双带设计可供选择，能够尽显个人风格。皮带拥有鲜明醒目的色彩，也有经典淡素的色调，如红色、橙色、紫红、蓝，以至灰色、褐灰、金、棕、黑与海军蓝，色色俱备。

“Leather Strap” 系列采用了别出心裁、已取得专利的开扣式铰链接环 (Open-Hinge Link) 设计，可以不费吹灰之力随意增加、拆除及重新编排吊饰。接环有 18K 白金、黄金、玫瑰金及全钻款式选择。如果想营造清爽优雅的形象，可以把手镯配衬一至

左页图

Carlo Palmiero 的 NEW WORLD 系列，粉钻小熊吊坠，俏皮精灵

下图

Nature and Emotion 系列戒指，七彩青蛙带来一丝阳光与春天的感觉

左图
Day Night 系列戒指，黑白戒指打造简约酷感的造型

右图
Day Night 系列戒指，华丽高贵极具奢华感

两个接环作为皮革饰物；想来点活泼调皮的味道，可以在接环上扣上多个 Aaron Basha 的精致吊饰即可。

Dune 系列的造型取材自荒漠沙丘，以及被强风雨水冲刷得光溜溜的礁石，因此钻饰呈现出不规则的波浪形态。薄薄的金环圈代表天然的纹理，环圈之间镶有闪烁的钻石。这个系列是 Cammilli 花卉钻饰和风格化设计的重要转折点，它将会继续演变，发展出各种新形态、构造和尺寸。

Dune Magique 系列运用抛光及亚光的处理手法突显波浪形的立体感，在环圈内镶嵌由蓝宝石打造的透明圆片，内置大小相仿的精致彩色钻石自由流窜，犹如大自然变奏不息地跃动，充满动感。

Mattia Cielo 的 Bruco 系列将美学与建筑学的结合完美地展现出来，手镯内部用全人手制造的纤幼链子作为主轴，合金的骨架令手镯更具伸缩性和坚固耐用。经过精密的工序切割而成的金碟子逐一套于子链上，金碟间以滚珠轴承作衬，令手镯于手腕上扭动时顺畅自如，每个金碟浑身更铺满闪烁钻石，高贵时尚，充满动感。

景福艺门独家代理的德国高级品牌——Stenzhorn 的设计哲学一向着重风格的延续性，秉承这原则，Stenzhorn 在今年的巴塞尔 (Basel) 世界再度推出了一款全新系列：Nature and Emotion 小企鹅。

Nature and Emotion 2012 的延续系列，选用了以不同颜色的钻石镶嵌出造型得意而又可爱的小企鹅，代表了品牌所希望表达出的大自然生命力。小企鹅造型可爱，令人喜爱，特别是那种彬彬有礼、绅士般的风度，给人留下深刻的印象。但当遇到袭击时，企鹅会变得勇猛来保卫族群，所以企鹅既拥有友爱和平的天性，也尽显猎人的本色，代表果敢而又进取的一种生命力。

景福耳环仿佛花朵在耳边盛开

目前，景福艺门已经在中国大陆地区成功开设了四家专门店，分别位于北京三里屯北区、上海恒隆广场及国金中心商场，以及苏州中茵皇冠假日酒店。

在三里屯 Village 北区，“景福珠宝”旗下高级珠宝钟表概念专门店——景福艺门日前开幕。景福艺门一直致力引进世界各地最新颖、最超卓的珠宝钟表，同时还不遗余力地设计制作适合今日现代都市女性的钻石首饰。

2011 年夏天，景福艺门推出了由意大利珠宝工匠精心设计铸造、命名为 Masterpiece 的钻石指环。钻石指环被命名为 Masterpiece 并在指环身上雕刻“Masterpiece”字样作为设计的一部分，既有当代杰作之意，又与景福 Masterpiece 珠宝店店名巧妙融合。

Day Night 系列 18K 金乳白及银色钻石手镯，复古华贵

Masterpiece 指环分别有三行及四行钻石环圈以供选择，最独特之处便是目前只有欧洲珠宝工匠才能制作出来的、能够各自独立摆动的连环圈——由左、右两环连成的环圈，除了镶满白碎钻外，藏于环圈与环圈之间的单颗白钻，看上去就像宇宙轨道上闪闪耀眼的恒星，既独立亦相互关联，设计意念新颖，充分展示了意大利工匠的精湛镶嵌手艺。

Masterpiece 指环背后的设计灵感亦来自今日的现代都市女性：4S，即时尚 (Stylish)、美好 (Sensational)、闪耀 (Sparkling)、出色 (Stunning)，努力工作之余懂得享受生活、追求不一样但细致的事物情感、不随波逐流具强烈独特个性，个性背后蕴藏着 4S 的秘密。

Ghiaccio 系列戒指，形状像野兽尖齿又像火炬，充满原始深林味道

经过半个多世纪的发展，景福已逐步成长为香港地区追求品位、时尚“贵族”人士的首选珠宝首饰品牌。香港景福珠宝集团旗下的 Masterpiece 精品概念店，更是以高品位的顾客为目标，货品款式设计独特，充满个人风格。

六十多年来，景福珠宝以出类拔萃的品质及专业严谨的服务态度，在广大消费者中间享负盛名。时至今日，景福珠宝将会继续用精湛的工艺、优质的材料及严谨的工序，铸造最高质量的珠宝饰品，以满足顾客们越来越高的要求。景福珠宝一直怀揣着一个伟大的目标，那就是励志成为一家经久不衰的经典品牌，让更多的人知晓这一品牌的非凡魅力。

LINKS OF LONDON

浓郁英伦风情珠宝

总部设于英国伦敦的 Links of London，主要设计生产纯银和 18K 金珠宝、手表和礼品，至今已迅速在英国、中国、美国、日本等 9 个国家拥有 84 家专卖店以及 211 家零售专柜。Links of London 于 2006 年 7 月加入了芙丽芙丽（Folli Follie）集团。

英国现代珠宝商 Links of London 的历史是从一对男士袖扣开始的，早在 1990 年，伦敦当地的一家餐厅定制了一对纯银的鱼形袖扣，作为送给长期光顾的客户的礼物，伦敦著名百货公司哈维·尼克斯

Links of London 门店内部设计

Sweetie 系列戒指完美地展现了 Links of London 的设计理念:“将时尚概念融合精心设计”

左图
Links of London 珠宝深受英国王室的喜爱

右图
这对纯银的鱼形袖扣对品牌有着重要意义

(Harvey Nichols) 被其新颖的构思所吸引，并定购了设计师的整个系列，Links of London 由此诞生。

Links of London 的设计理念是"将时尚概念融合精心设计"，经常推出一些令人惊叹的新产品，并竭尽所能带给顾客糅合了现代、经典、潮流及创意的产品。

Links of London 还提供刻字服务，顾客可以在珠宝饰品上刻字，在真皮产品上印上压花图案，或在魅力酒吧 (charm bar) 自由选择喜爱的小吊饰。此外，Links of London 也喜欢在产品中加入一些英式的幽默。

在接下来的数年时间里，Links of London 先后在伦敦布罗门和西斯罗机场一号候机大厅开设了两家专卖店；1996 年，Links of London 正式进入香港并在港岛开设了首家海外店铺；随后，Links of London 纽约麦迪逊大道及日本 Sogo 专卖店也相继开业。

2006 年 7 月，Links of London 被著名首饰、腕表和配饰品牌 Folli Follie 集团收购。2007 年 8 月，安德鲁 · 马歇尔 (Andrew Marshall) 被委任为 Links of London 执行董事。拥有母公司 Folli Follie 集团的支持作为坚实基础，Links of London 已做好一切准备，有系统地开发和扩大新产品类别，全速迈向全球各大市场。

2009 年 10 月，Links of London 在上海时尚地标南京西路开设了中国大陆首家专卖店。专卖店在外观上为经典的英式建筑风格，极富当代伦敦风情。店内通过陈设丰富的创意产品，将魅力十足的英伦精神真正带入了中国消费者的时尚生活。

Links of London 产品多样化的工作已经展开，同时还计划引入更多新产品线，令女士和男士珠宝系列产品更丰富多元。2010 年秋冬，著名主持人 Cat Deeley 成为 Links of London 的全球代言人。

Links of London 十分重视产品的包装。所有的产品都会被放进精美的布袋内，再配以品牌专用的礼物盒，最后系上 Links of London 的丝带，令礼物变得充满神秘感与吸引力。

长久以来，Links of London 一直被视为首饰及礼品行业的先驱与领袖。在 2005 年、2006 年

Love Note 系列戒指，三只心形戒指连成一体，表达浓浓的爱意，是值得收藏的佳品

和2007年，品牌连续三年在英国珠宝大奖UK Jewellery Awards中,荣获“年度首饰品牌”(Jewellery Brand of the Year)奖项。Links of London被形容为“能适应各式市场的灵巧潇洒品牌，设计所展现的效果非常惊人”。

2009年底，Links of London荣获2009年度Walpole最佳“海外英国奢侈品牌”，评审一致认为Links of London在2009年企业形象提升与通过海外业务、零售扩展以及通过举办特别活动增进销售方面成绩斐然。

Links of London的Sweetie系列手链于2002年首次推出，灵感取自于伴随英国孩子成长、颇具英伦特色的传统糖果。Sweetie手链使用“圈圈糖”般的装饰串起色彩艳丽、新奇多样的吊坠，也串起了人们温暖而甜蜜的童年回忆。

Sweetie系列所蕴含的独特创意与珍贵记忆，使其一经推出，便受到普通大众乃至明星名人的厚爱与追捧。美国总统夫人米歇尔·奥巴马(Michelle Obama)出席公众活动时，经常佩戴着Sweetie手链。英国吉他之神埃里克·帕特里克·克莱普顿(Eric Clapton)曾经购买过一条作为生日礼

左图
Sweetie系列戒指，渗透一股青春的活力

右图
Hope系列白晶耳环，设计大方得体又不失高雅

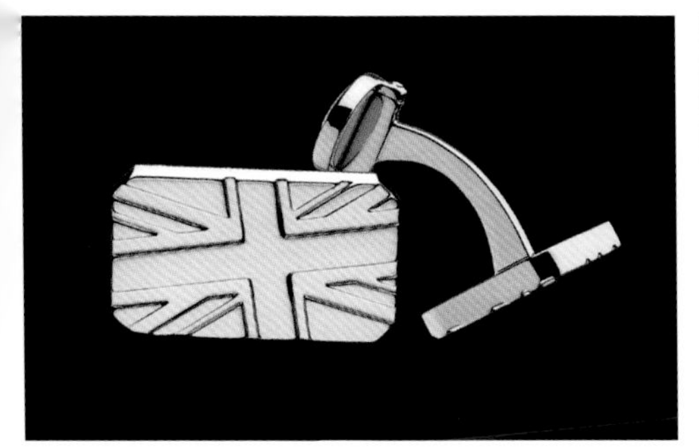

左图
Union Jack 系列纯银袖扣，米字设计诠释独一无二的个性

右图
Links of London 吊坠充盈着玩趣和俏皮的气质

物赠予女儿。而纽约时尚风标莎拉·杰西卡·帕克(Sarah Jessica Parker)也时常在《欲望都市》一剧中佩戴。

Links of London 每年都会推出全新的 Sweetie 手链，除了标志性的纯银款之外，品牌还会采用玉髓、珊瑚、玛瑙、黑瑙等不同的物料穿插其中，再配以大量不同款式的吊坠，以丰富的变化不断创造惊喜。

Friendship 手链于 2006 年面世，特别为慈善计划而推出，其设计灵感源于人们孩提时手织的友谊手绳。2006 年，Links of London 在其原有的 Friendship 手绳的基础上，以黑色并金色制作慈善特别版，并将部分收益捐予香港著名慈善组织“启励扶青会”。

2010 年 8 月，Links of London 在上海正式启动 Friendship 手链亚洲区慈善项目，为联合国儿童基金香港委员会筹款。2010 年是 Links of London 品牌成立的 20 周年，同时也是品牌进入中国市场的一周年。Links of London 为了庆祝这一特殊时刻，把品牌全球性的 Friendship 慈善计划带到中国内地及香港特区，通过支持联合国儿童基金会的保护儿童项目，给世界带来更多爱心和希望。

Entwine 系列耳环设计大胆，
却又不失女性韵味

Infinity 系列戒指，以交错的金属线条编织出无数在英国文化中象征永恒的符号“8”

在 2010 年 8 月 26 日至 2011 年 7 月 31 日期间，Links of London 旗下中国内地、香港及澳门地区店铺将 Friendship 手链销售额的 10% 作为慈善捐款，捐给联合国儿童基金会香港委员会，用于支持中国内地“携手为儿童，携手抗艾滋”项目及香港的“联合国儿童基金会青年使者计划”。

多年来，Links of London 与多个地区和国家慈善团体合作，让全球青少年儿童受惠，其中包括英国的全国防止虐待儿童协会、美国的 ONEXONE、日本的救助儿童会及希腊的 Mazi Gia to Padi 等。在 Links of London 的品牌发源地——英国，品牌已为多个慈善计划筹得接近五百万英镑的善款。

小巧、精致并极富个性——Charms 系列让人爱不释手。它们用一种独特而令人难忘的方式，记录下生命中的爱、守护、幸福、感动这些永恒的主题。

Links of London 已做好一切准备，有系统地开发和扩大新产品类别，全速迈向世界各大市场

从立体字母到抽象图形，从小甜点到甜美爱心，从动物、植物到地标建筑，每一个小小的吊坠背后都深蕴着无尽的故事：一个非凡的时刻、一场曾跋涉的旅途，抑或是生命中最重要的朋友、家人……

最新推出的 Charms 系列吊坠拥有彩色木马、天使爱心等全新造型，更有纯银、镀 18K 黄金及镀 18K 玫瑰金等材质可供选择，与你一同诉说那段与众不同的人生经历，彰显独特的个性。

将点滴的美好记忆一一串起，还原一段纯真甜蜜的英伦之旅，Links of London 的 Allsorts 系列能为你带来别样的绝妙体验。精致纤细的长链串起众多不规则的串珠，利用珠光与暗纹的巧妙配合，使每粒串珠都犹如翩翩起舞的精灵，展现难能可贵的轻盈灵动。

2011 年，Allsorts 系列又在经典之上加以创新，采用了光滑而手感柔润的串珠。在纯银之外，更增添18K黄金材质可供选择，以富有创意的变化不断制造惊喜。

备受瞩目的Infinity系列，以寓意永恒的内涵获得了众多粉丝的青睐。它以交错的金属线条编织出无数在英国文化中象征永恒的符号“∞”，粗犷的造型与细腻的手法完美融合，流露出无可比拟的优雅气质。Infinity系列设计大胆，却又不失女性韵味，相互缠绕却又无拘无束，完美诠释了现代女性自信、独立、坚强，却也心思细密，温柔似水的个性。全系列包括项链、手链、戒指和耳环，以永恒之美相伴唯美佳人。

Allegra系列腕表以别致的表盘和深蕴的气质成为女款腕表中最令人心动的经典款式。独树一帜且诱惑迷人的椭圆形表盘，完美融合了英式的温婉柔美和深刻沉稳，深得人心的同时更彰显都会女性的优雅与成熟。大气的罗马数字装饰，质感坚实的表盘，独特的长秒针，营造出不容置疑的女王气质，最适合搭配高贵的晚装，散发永恒的魅力，成为晚宴上当仁不让的焦点。

2010年11月30日，已成为国际知名饰品品牌的Links of London欣然入驻上海国金中心，继南京西路旗舰店之后，Links of London在中国大陆的第二家专卖店揭开帷幕。

崭新的Links of London专卖店与国金中心奢华摩登的气质相得益彰。逾70平方米的空间内，Links of London以英式经典的摆设调和伦敦新锐的设计，传递着伦敦作为“时尚创意之都”的新兴活力——温暖明亮的淡黄色整体基调下，米字旗图案的鹿头应和着传统的英式纯木家具，彰显出尊贵的英伦格调。而以伦敦现代生活细节为灵感的

Britlines、Links-ID 等系列作品满载伦敦最新风尚，将灵感精粹引入生活，让活力四射的“新”伦敦气息呼之欲出。

Folli Follie 集团中国区总经理麦家辉先生这样表示：“对 Links of London 而言，这一年有着非同寻常的意义——今年是 Links of London 进入中国市场一周年，同时也是品牌在大陆地区开启第二家专卖店。在过去的一年中，Links of London 凭借 Sweetie、Friendship 等个性鲜明的首饰及腕表系列，赢得了众多中国消费者的厚爱。我们期望通过 Links of London 上海国金中心专卖店的开业，将魅力十足的英伦精神带入更多时尚消费者的生活。”

2012 年伦敦奥运会，让“运动”和“英国”成为最热门的两个关键词。这自然也为设计师和品牌带来了诸多的灵感。身为一家地道的英国珠宝品牌，Links of London 在不久前推出的 2012 春夏 Team GB 系列珠宝配饰，顾名思义便是以英国国旗的配色和 2012 伦敦奥运会英国国家代表队作为灵感，创造出一系列造型简洁的吊坠、男士袖扣等精美作品；再搭配上经典的红蓝配色，以及象征英国的狮子等元素，简单实用却又带有浓浓的英伦风情。而各式各样的吊坠，更可以随意在手链上进行自由组合，充斥着浓郁而又独一无二的英伦味道，将优雅气质进行到底。

Effervescence系列项链，
如同由无数欢腾气泡组
成的紧密拥抱

路易·威登
LOUIS VUITTON

精致、品质、舒适的“旅行哲学”

右页图
Voyage dans le temps 系列项链，LV 每每会以独一无二的作品倾倒众生

自 1854 年成立以来，代代相传至今的路易·威登以其卓越品质、杰出创意和精湛工艺，成了时尚旅行艺术的象征。作为一个梦想，一个标志，每一件路易·威登的产品都堪称是精益求精的精神与巧夺天工般技艺的完美结合。从举世闻名的字母组合 (Monogram) 图案到令人惊叹的路易·威登钻石切割，LV 每每都会以独一无二的作品倾倒众生。

路易·威登不但是皮箱与皮件领域数一数二的品牌，同时也早已成了上流社会的一个尊贵象征物。如今，路易·威登这一品牌已经不仅局限于设计和出售高档皮具和箱包，而是成了涉足时装、饰物、皮鞋、箱包、珠宝、手表、传媒、名酒等领域的巨型潮流指标。从早期的 LV 衣箱到如今每年巴黎 T 台上不断变幻的 LV 时装秀，路易·威登之所以能够一直屹立于国际时尚行业顶端，傲居奢侈品牌之列，原因在于其自身独特的品牌基因 (DNA)。

世界奢侈品史以及时尚界最杰出的时尚设计大师之一路易·威登 1821 年出生于法国东部弗朗什孔泰 (Franche-Comte) 省。随着拿破仑三世的正式登基，法国版图的扩大也一时激起了乌婕妮皇后游历欧洲的兴趣。但是，旅行的乐趣却常常因为一些小问题

精致细腻的手工工艺

而大打折扣，那些华美的衣服不能妥帖地呆在行李箱中。

1837 年，当时只有 16 岁的穷小子路易·威登凭借自己的手艺，把皇后的衣装巧妙地绑在旅行箱内。就因为这个，从乡下来的年轻人路易很快得到了乌婕妮皇后的留意和信任。为皇后服务的过程中，旅行者们的苦乐引起了路易·威登的注意。当时交通工具的革命方兴未艾，乘坐火车成了旅行者最时髦的选择，然而这也给他们带来了很大的麻烦：不是旅行箱把衣服弄得皱巴巴，就是行李包在火车的颠簸中一次次摔倒。

路易·威登认为自己能为更多的人免除旅行之忧，便于 1854 年结束了为宫廷服务的工作，在巴黎创办了首间皮具店，主要产品就是平盖行李箱。路易·威登的第一份职业，便是为名流贵族出游时收拾行李。他见证了蒸汽火车的发明，也目睹了汽船运输的发展，同时也深深体会到当时收叠起圆顶皮箱的困难。

于是，路易·威登革命性地创制了平顶皮衣箱。这个用“Trianongrey”帆布制成的箱子，很快便成为巴黎上流社会贵族们出行的首选物品。然而，他的设计后来也被肆意抄袭，平顶方形衣箱一时间成为潮流。四年后，路易·威登扩大了皮具店规模，在巴黎近郊阿尼耶门(Asnières)设立了第一间工厂。在此时期，品牌的设计、生产的过程更注重于解决旅行者们的实际问题，以实用的设计理念为基础，引领着路易·威登在时尚和专业化方面不断深入。

1871年，路易·威登在Scribe大道上开设了一家新店；1875年分店开到了伦敦市中心。公司的发展为产品的创新提供了更坚实的基础：该品牌的经典产品坚硬旅行箱于1889年诞生，它能够适应长途旅行的颠簸，带给旅行者最需要的安心与舒适，迄今为止，一直是路易·威登的骄傲。路易·威登的皮箱最先是以灰色帆布镶面，1896年，路易·威登的儿子乔治用父亲姓名中的简写L及V配合花朵图案，设计出到21世纪仍蜚声国际的交织字母，同时还印上了粗帆布(Monogram Canvas)的样式。

左图
珠宝设计大师劳伦兹·鲍默(Lorenz Bumer)

右图
旺多姆广场的LV珠宝旗舰店

路易·威登的儿子乔治·威登 (Georges Lvuitton) 继承了心灵手巧的家族传统，表现出在小发明上的天赋。1890 年,他发明了特殊的锁扣"5-tumbler"——特点在于只要用一把钥匙，就可以打开客户本人所有的路易·威登皮箱，避免了旅行者在裤子上拴一大堆钥匙的麻烦。

就在路易·威登逐渐树立品牌形象的时候，却遭到了贪婪的仿制者对其成功的窃取。不过这进一步激发了乔治·威登的创造力。1896 年，他在 Monogram 帆布上印制了著名的"LV"商标，这让路易·威登开始作为品牌象征注入人们的观念。优秀的品牌总是充满对未来的启示，路易·威登的发展过程正是对这句话的恰当诠释。轻巧柔韧的 Steamer 旅行袋于 1901 年面世,成为后世手袋的先驱;8 年之后，威登家族用丝绸和羊毛制成 Kashmir 旅行毛毯，又成为后世围巾和被罩的先驱。

1904 年，乔治担任圣路易世界博览会主席。同年，路易·威登公司推出一系列新的皮箱设计，增加了皮箱内部的储物单元用于放置香水、服装以及其他物品。1906 年乔治的儿子贾斯通·路易迎娶芮妮·维尔赛，推出车用皮箱。

左图
LV 工作室汇聚了阵容强大的珠宝工匠团队

右图
Voyage dans le temps 系列由五个不同的"旅行"组成

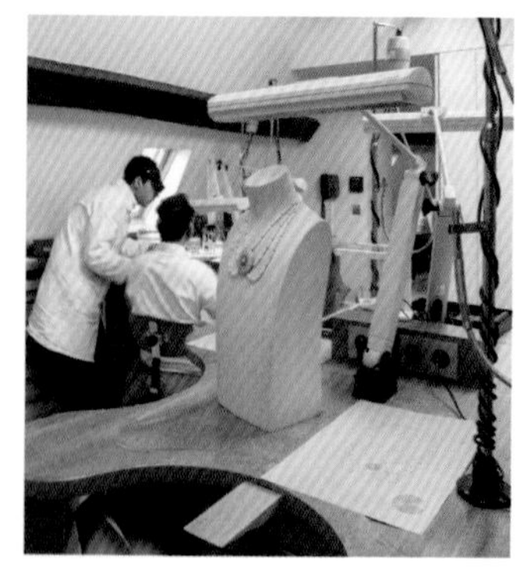

缀满钻石的珠宝手镯

1914 年，路易·威登当年梦想中的小店，终于成了巴黎香榭丽舍大道 70 号那家当时全球规模最大的旅行皮具专门店。第一次世界大战时，路易·威登为适应当时的需求，改为制作军用皮箱即可折叠的担架。战后，他又专心制作旅行箱，并获得不少名人的垂青，订单源源不绝。到路易·威登的孙子贾斯通 (Gaston) 的时代，产品已推至豪华的巅峰，创制出一款款特别用途的箱子，有的备有配上玳瑁和象牙的梳刷及镜子，有的缀以纯银的水晶香水瓶。路易·威登公司还会应个别顾客的要求，为他们度身订造各式各样的产品。

1998 年 2 月，路易·威登全球首家旗舰店在巴黎开业，此后第二家也在伦敦 Bond 大街开业。同年的 8 月和 9 月，第三家和第四家旗舰店分别在日本大阪和美国纽约开业。每间店的经营范围都包括路易·威登传统的箱包系列、路易·威登最新问世的男女成衣系列以及男女鞋系列。

随后，路易·威登又在香港中环置地广场开设了一间旗舰店，占地两层，共 6 600 平方米，店内备有路易·威登全线优质皮具，包括旅行箱、旅行袋、皮手袋、小巧皮制品、笔及崭新的男女时装和皮鞋系列等，还提供私人皮具定制服务。

2009 年，路易·威登开始积极拓展高级珠宝业务。这个著名的皮箱王国缔造者，并没有忘记自己的“老本行”，从品牌的经典款扁平行李箱出发，推出了一个又一个和精彩“旅行”有关的高级珠宝系列。

路易·威登 Voyage dans le temps 系列由五个不同的“旅行”组成——Dentelle Monogram，深受马克·雅可布 T 台作品影响，周身缀满白金和钻石的珠宝，展示着路易·威登皮具上经常出现的花朵和

熠熠生辉的美钻，宛如璀璨绚丽的光点

星星的主题，这些珠宝还可以变形成发夹和手镯，为旅行箱节省空间。

Galaxie Monogram 珠宝有着像蓝宝石一样的柔和光泽，实际上，这却是路易·威登对于原材料的大胆创新，用白金浸入蓝色陶瓷粉末创造出了这一颗颗弧形的“宝石”。Flash Forward 珠宝作品借助上釉这些老式技术制作完成，红白两色的主题似乎消散在了钻石组成的模糊的方格图形中。Monogram Infini 珠宝则以佛教中象征宇宙综合体的曼陀罗花呈现出万花筒般的视觉效果。而 Fleur d'Eternite 搭配起柔美的珍珠和幽绿的碧玺，也是让人过目难忘。

跟随心情与场合的变化，Les Ardentes 系列铂金镶嵌钻石项链千变万化的造型可以展现不同的风采。长或短，简洁或繁复，蝴蝶结装饰也可以单独佩戴，或搭配一列美钻，熠熠生辉宛如璀璨绚丽的光点。耳环的主体以重达 49 克的铂金打造，14.27 克拉的 461 颗美钻镶饰，以路易·威登独一无二的 Monogram 花朵形状切割钻石工艺切割。

细致如画，恒久隽永。路易·威登 Ardentes 系列以 Monogram 花朵造型设计展示了路易·威登独有的两种钻石切割法。该系列的每件作品都空灵而雅致，突出了路易·威登花形切割和星形切割的独特线条与炫目切割面。作为路易·威登传统的一部分，Ardentes 系列的每件珠宝均以 Monogram 花朵为中央装饰。独一无二的路易·威登切割钻石、精巧细致的密钉镶嵌图案，本系列为路易·威登 Monogram 花朵赋予了全新的表达，展示出路易·威登品牌独有的非凡工艺。

路易·威登 Monogram Idylle 系列新款珠宝，返璞归真地运用玫瑰金、黄金和白金三种不同材质，嵌以璀璨钻石，融于典雅花朵的造型中，外形简单而优雅。Monogram Idylle 系列的手链和项链均可自由连接、叠加或混搭，让你在拥有美丽的同时，还可体会到创意无穷的搭配乐趣。

材质的稀有珍贵不是 LV 高级珠宝唯一的金字招牌，充满艺术气息的优雅设计和珠宝大师炉火纯青的技艺，才是 LV 高级珠宝熠熠生辉的背后资本。黄金做工的 LV 高级珠宝系列手镯和戒指，雕刻着憨态可掬、手捧耀眼钻石的小天使，不仅造型别致，还散发着独特的艺术气质。有着经典的 Monogram 图案、镶满五彩碎钻的 LV 高级珠宝，充满鲜明的异域特色，让人在被高贵奢华打动的同时，也陶醉在了这个由 LV 高级珠宝呈现的艺术世界里。

在 2012 秋冬巴黎高级定制时装周进行期间，路易·威登也迎来了自己的又一件大事：品牌首家高级珠宝旗舰店于巴黎当地时间 7 月 2 日在旺多姆广场正式落户。路易·威登高级珠宝旗舰店设在一座始建于 17 世纪的古建筑内，店面装潢由美国建筑师彼得·马里诺 (Peter Marino) 设计，用檀木、深色皮革等材质布置出简洁却有奢华感的氛围。

店面占地 148.6 平方米，设有两个 VIP 区、一个腕表展示区，有 LV 现任珠宝创意总监劳伦兹·鲍默设计的高级珠宝，也有一块专属的展示区。

整整一个半世纪的时间过去了，印有“LV”标志这一独特图案的交织字母帆布包，伴随着丰富的传奇色彩和典雅的设计而成为时尚之经典。100 多年来，世界经历了很多变化，人们的追求和审美观念也随之而改变，但路易·威登不但声誉卓然，而今仍旧保持着无与伦比的魅力。也许正是这种魅力，吸引了无数世界顶尖的设计师为之倾倒。为

庆祝交织字母标志诞生100周年，路易·威登总裁圣·卡斯利经过3年的考虑，更是还决定邀请7位赫赫有名的前卫设计师来设计交织字母标志的箱包新款式。

150年来，路易·威登品牌一直将崇尚精致、品质、舒适的"旅行哲学"作为自己的设计的出发基础；时至今日，路易·威登这个名字早已传遍全球各个时尚看台，成了精致生活的经典象征。

左图
三款饰品均为Monogram Idylle系列：经典图案的手链

右上图
简洁而优雅的耳环

右下图
在指间绽放的花朵戒指

PASPALEY

珍珠的女王，女王的珍珠

左页图
Paspaley 是澳大利亚著名的珍珠品牌，以其无可比拟的光泽、亮丽和体积著称，令世界顶级的珠宝商趋之若鹜

珍珠的女王，女王的珍珠，澳大利亚著名的珍珠品牌 Paspaley，以其无可比拟的光泽、亮丽和体积著称，令世界顶级的珠宝商趋之若鹜，也使得 Paspaley 这个名字，等同于世界上最美丽的珍珠。

珍珠已经不再代表保守和严肃的生活方式。相反，南洋珍珠的高品质、超大尺寸和外形，为前卫珠宝设计师设计高级珠宝时提供了无穷的创作灵感。在其他珠宝，如钻石、红宝石和绿宝石以及铂金、钛合金和 18K 金的衬托下发出熠熠优雅的光泽，珍珠俨然已经成为现代女性最重要的搭配武器。

珍珠是自然界中最纯净的宝石，天然的珍珠不像钻石那样，需要进行人工切割，才能展现出美丽的外形。珍珠产自蚌贝中，它的美丽永远都不会减退，而南洋珍珠则有着纯天然的光泽和色泽。

Paspaley 整串的珍珠项链最为珍贵，每一颗珍珠的颜色、光泽、大小、形状都必须一致。最困难的是，珍珠往往需要经过多次收成，历时数年或数十年才可以造成一串完美的珍珠链。

珍珠以体积、罕见度、颜色、形状、珍珠质的质量，以及光泽等准则计算价值。Paspaley 南洋珍珠被公认为是全球最高品质和最具价值的珍珠品牌。

Paspaley 南洋珍珠最令人着迷的是其别具深度、优质和丰富的珍珠质所散发出来的瑰丽光华

Paspaley 南洋珍珠最令人着迷的，便是其别具深度、优质和丰富的珍珠质所散发出来的瑰丽光华。珍珠蚌所分泌出来的珍珠质令珍珠光泽亮丽，成为一颗颗瑰丽迷人的珍珠。Paspaley 把追求卓越的优良传统根植到每一个细节当中去，每一件作品都是由珠宝设计师设计完成，将传统工艺和创新科技结合在一起，设计出具有传世品质的优良珠宝。

简约而纯净的美丽背后，是一个从 70 多年前开始的南洋珍珠历程。Paspaley 珠宝系列只在品牌专卖店出售，而此前 Paspaley 的专卖店也只能在澳大利亚的悉尼、达尔文、布鲁姆以及迪拜等地可以找到。

珍珠的养殖过程非常复杂。先收集南海珍珠牡蛎，然后由潜水员人工采摘，所收集的野生牡蛎经过仔细清洗后，放回一个开放的洋底面并等待当年晚些时候进行重要的播种程序。

一旦播种，牡蛎将返回海洋中生活两年，保持牡蛎的最佳健康状态，是生产优质珍珠的关键。Paspaley 采用远程网络技术操控着 20 家小农场。它们分散在 2 500 多公里的澳大利亚西北海岸上。

经过两年培植，牡蛎将再次从海里被打捞起来。珍珠就是在这期间萃取出来的。由于是野生牡蛎自然孕育而成，珍珠的表面会存在一些非常明显的生命印记，包括凸起、凹陷、细纹、瑕缝、深色斑点和环带等。

体积、罕见度、颜色、形状、珍珠质的质量以及光泽等因素，决定了珍珠的价值。在被问到经营公司的最大感受时，尼古拉斯·帕斯帕雷的儿子 Nicholas Paspaley AC 向大自然表达了足够的敬畏："我们致力于改善养殖完美珍珠的艺术，但讽刺的是，经过这个过程，我们已经了解到，只有大自然能够达到完美。"

源于自然，贵在自然，作为一种灵性宝石，珍珠的设计灵感也通常源于自然。珍珠不像钻石那样光彩炫目。它的光泽比较柔和，体现着优雅含蓄的气质，一件完美的珍珠饰品既要花费珠宝设计师很多巧思，又不能有太多雕琢与斧凿之痕。于是，蝴蝶、

叶片、水滴等自然界的各种元素，被应用于珠宝首饰的设计。

“我的灵感来自大自然和它无与伦比的美丽。”创始人的儿子说道，“大自然有一种持久的吸引力和美感，能引起不同社会阶层和不同时代的人的共鸣。被澳大利亚壮丽的自然风光环绕着，我不断被大自然以及它的美激发灵感。现在我们讨论的设计，贯穿所有工序的关键元素就是来自自然的力量。就算是在如今这个工业化如此彻底的时代，也没有什么力量能复刻或匹敌天然珍珠的美丽。”

20 世纪 30 年代，Paspaley 还只是个默默无闻的新生品牌，不过，当时正值澳大利亚西部的珍珠贝母业的繁盛期，品牌创始人尼古拉斯 · 帕斯帕雷（Nicholas Paspaley）渐渐成长为当时的珍珠工业名家；此后，尼古拉斯·帕斯帕雷又从最初的采珠工业，转战到培育南洋珍珠方面，并参考当时日本养珠的成功例子，创立了自家的珠饰品牌。

作为一家珍珠品牌，想拥有最完美的创作，莫过于一手包办原料、设计及生产等程序，这样才能

左图
Paspaley 的创始人尼古拉斯

右图
Paspaley 把追求卓越的优良传统根植到每一个细节当中去

Paspaley 珍珠项链，圆润的珍珠与宝石镶嵌的有色珍珠相间，散发出瑰丽光华

确保一切符合要求。Paspaley 就是由自家提供原颗珍珠，并配合其云集世界级设计团队，创作出了一系列造型独特的高级珠饰。

Paspaley 的典型款式设计，最突出的便是其所用的特大珍珠体积，在钻石、红宝石或绿宝石的衬托下，更见夺目亮丽。一款镶有绿宝石及橄榄石的十字架形珍珠钻石项链，其夸张的外形令人一见难忘；而十字架形吊坠更可以双面佩戴，若将钻石面放在灯光下，更会反射出绿宝石的晶莹剔透感，手

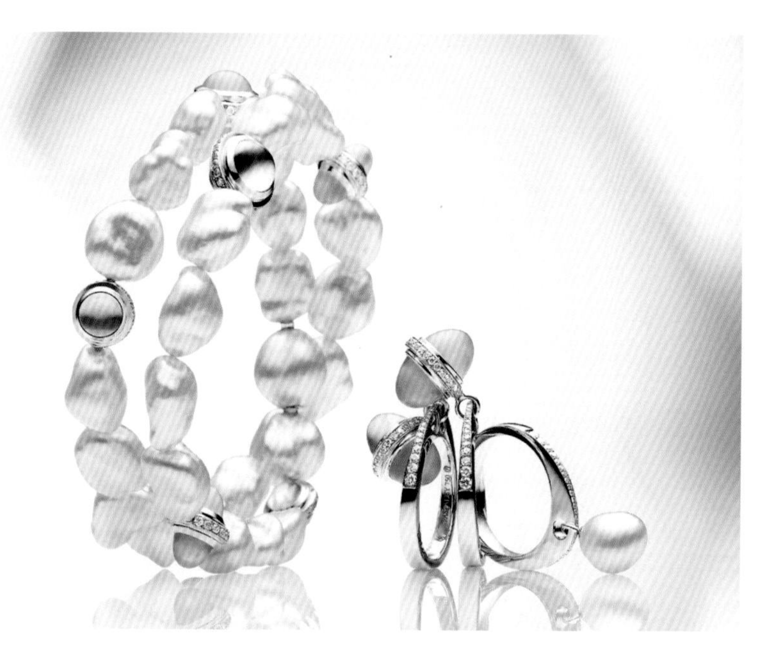

Muse Rose Quartz 珍珠手链及戒指，天然美态，配衬灵活

工十分细腻。

此外，在不少项链设计上，人们还会找到以这三种形态设计而成的巨型吊坠，其中吊坠可以拆下来用作胸针或镶在别的首饰上，以随时随地变换款式。

虽说品牌的首饰以重型设计居多，但也有一些适合于平日佩戴的简单款式。例如当中一款以 18K 黄金或不锈钢制成的项链，单颗珍珠便是透过品牌独有的螺旋口镶上，只需将珍珠扭出来，便可随意换上另一款外形不同的品牌珍珠，设计极其符合现代时尚一族的要求。

Paspaley 于 2010 年 5 月在 1881 开设了香港旗舰店。为庆祝此次开幕，Paspaley 于 5 月 12 日举行了“Paspaley 高级珍珠展览”，展示品牌对追求优质珍珠矢志不渝的精神。位于香港主要高级品牌购物区的古迹建筑1881，原为拥有120年历史的前香港水警总部。这个经过复修的地点所潜藏的海洋遗产，与Paspaley的背景不谋而合，充分反映品牌与海洋密不可分的关系，而其富有历史性的庄严外观，更是Paspaley南洋珍珠的完美化身——美丽、迷人、华贵。

Unique Pearls系列于采珠期间，偶然会有一些珍珠凭借其超然的光泽、色泽或形状而傲视同侪。Paspaley把这些精品珍重地收藏于Unique Pearls系列。系列内的每一颗珍珠皆是某种珍珠特质的最佳典范。

Kuri Bay Pearls系列是以澳大利亚首个南洋珍珠养殖场库利湾（Kuri Bay）命名。该系列内的珍珠均是于20世纪50年代中期、在原始的Kuri Bay珍珠养殖场收成，也是现今全球人工养殖南洋珍珠最标准的一套珍珠。

左图
Muse Rose Quartz 珍珠吊坠及耳环，玫瑰石英石宝石更好地衬托了光芒四射的珍珠

右图
Muse Black Onyx 珍珠耳环，高贵美丽

Paspaley2007/2008 全新珍珠首饰系列拥有极具流线型的外表，加上色彩夺目的手绘瓷釉，透出阵阵异国风韵。明亮的手绘瓷釉、绿松石和珍珠贝母，搭配典雅的钻石和珍珠，打造出以昔日莫斯科教堂黄金圆顶设计为蓝本的吊坠和耳环，搭配小巧碎钻，使得首饰的主角珍珠更加娇艳欲滴。

Paspaley 的全新珠宝系列 Flutter by Paspaley 以蝴蝶为灵感，采用了黄晶和蓝晶，以强烈色彩对比颂赞充满生机的春日。Flutter 把色彩缤纷的宝石铺镶在钻石上，营造出非凡的色调层次，炫目闪烁的钻石展现出珍珠的柔美光华。

Flutter by Paspaley 系列采用黄金和铂金，以及配搭镶钻或通花花边镶钻的设计，以简约时尚的线条营造出整只蝴蝶或其翅膀的美态。限量发行的 Flutter 珍珠串项链主件令人眼前一亮，铂金镶钻蝴蝶雕刻缀以无核珍珠和水滴形珍珠，出众非凡。

左图

Paspaley 珍珠戒指及钻石链珍珠吊坠，圆润的感观和无可挑剔的质地令人赞叹

右图

Paspaley 各款吊坠，顶级的品质夺目耀眼

Muse系列戒指和手镯，时尚与典雅跃然而出，玫瑰石英宝石与珍珠搭配出天衣无缝的悦目组合

Paspaley珠宝大师及该系列的设计师Jürgen Kammler表示："Flutter by Paspaley是我们对生活的欲望，当中包括自由、喜悦和色彩。Flutter大胆地以Paspaley珍珠配衬蓝晶和黄晶，营造出鲜明的对比。生气勃勃的感觉令人联想起清新和代表起始的春日。"

The Paspaley Pearl可能是全球被开采的宝石级圆形珍珠当中，体积最大及最完美的一颗，堪称全世界最非凡的南洋珍珠之一。这颗南洋珍珠现与希望之星并列展示于华盛顿史密森尼博物馆。Paspaley Stellar的灵感源自于天空，用珍珠和白金、黄金镶钻制成星辰、月亮和星座的形状。这一系列产品荟萃了各种天体外形，从配有一串细小星星的精致耳环，到戒指上镶弦月形宝石，将会成为一代又一代珠宝喜爱者的宠儿。作为几乎每个女人都喜爱的珠宝，珍珠绝对值得入选每一位女人的礼物清单。

Paspeley 推出的 Muse by Paspaley 系列珠宝，凭借独特的设计与优雅的珍珠搭配，将女性最为期待的浪漫完美演绎。Muse by Paspaley 系列珠宝采

Paspaley 各款珍珠戒指，选料上乘，造型优美

用黑玛瑙、玫瑰晶和月光石，搭配优雅的珍珠组合而成，别样的形状具有时尚感，其中不仅包括典雅的黑尖晶石项链，而且还包含别出心裁的粉红蓝宝石戒指、手链、耳环和亮丽雅致的南洋珍珠袖口纽，以及珍珠吊坠，并且每个款式均可独立佩戴或作随意配搭。

此外，Paspaley 还在 2012 年母亲节诚意推出了 2012 Cherish 系列，以天然瑰丽的珍珠首饰歌颂了母亲对子女的无尽关爱，借此向每一位伟大的母亲致意。全新 Paspaley Cherish 系列包括享有钻石的 18K 黄金级白金耳环，隽永典雅的设计与顶峰质量足以令每位母亲为之惊喜动心，成为甜蜜美丽的珍贵收藏。

Paspaley Cherish 系列以高贵大方的珍珠串表达母亲与子女之间的绵绵亲情，每一条独特的 Paspaley 珍珠串均由 GIA 国际认证，而珍珠串的其中一颗珍珠均会镶上 Paspaley Strand Signature 精致的钻石品牌标记及编号，同时为此精致系列注入温馨祝福与关怀，是表达感恩的最佳礼物之选。Paspaley 高级首饰均由世界级的工艺师创造，是结合了优质物料、卓越工艺与顶级南洋珍珠的瑰宝。Paspaley 每年均与一些世界知名的设计师合作，创制出多款独一无二的高级珠宝及订造系列，颂扬每颗珍珠的独特个性和自然美态。拥有一款优质的南洋珍珠，这件珍贵的首饰足以让后人代代相传，华丽、别致而又永不过时。Paspaley 珍珠首饰无疑是快乐生活每一天的绝佳点缀。

伯爵
PIAGET

奢侈尊贵的品牌精神

自1874年诞生以来，伯爵（Piaget）始终都致力于培养奢侈尊贵的品牌精神，优先发展创意，并对细节进行不懈追求，将钟表与珠宝的工艺完美融合在了一起。

创立伊始，伯爵专注于钟表机芯的设计和生产。近一个世纪后，伯爵又开始拓展其他一系列的专业领域，陆续推出了大量令人称奇的珠宝腕表和极富革新精神的珠宝饰品。多年来，伯爵秉承其家族的座右铭：“永远做得比要求的更好。”一代又一代人，皆为其卓越的制表技术与美学素养贡献心力。每一只珠宝和腕表都代表着一个全新的挑战，那就是创造出符

左图
乔治·伯爵先生

右图
伯爵的每一只珠宝和腕表都代表着一个全新的挑战

伯爵令人目眩神迷的创新设计，为品牌
赢得了享誉国际的巨大声望

伯爵参加巴黎古董双年展

合名表制表标准且流露迷人风采的稀世之作。

1874年，乔治·伯爵（Georges Edouard Piaget）在瑞士侏罗山区的小村庄La Côte-aux Fées安家立业，并在数十年之后成了奢华珠宝与精准腕表的代名词。伯爵先生在自家的农舍中成立了第一间钟表工作坊，专门为瑞士著名的钟表品牌制作性能精准的优质机芯。随着时间的推移，蒸蒸日上的制表事业开始迅速发展成为一家家族企业，此时伯爵的名声也是远近驰名。出自伯爵之手的钟表机芯，皆是以无出其右的精湛工艺制作而成，备受各界肯定，为品牌的制表工作坊博得了极高的声望。1911年，提摩太·伯爵（Timothée Piaget）从父亲乔治手中接掌家业，秉持着其父对钟表的热情以及对质量的一贯坚持，第二代伯爵人开始了自己漫长而又艰辛的经营之路。

勇于尝试、永不言败的精神，此时早已被深植在伯爵家族的血统之中。于是，为了让家族企业能够永持久营，以机芯制造出家的伯爵便在 1943 年决定将“伯爵”注册为品牌名称，并在 La Côte-aux-Fées 表厂自行研发、制作并销售冠上“Piaget”标志的腕表。

在第三代伯爵家族成员杰若德和华伦太两人的掌舵下，伯爵品牌开始在世界各地开疆拓土，知名度与日俱增，展现出脱胎换骨的全新气象。紧接着，各方订单也是纷至沓来，大批客户都急不可待地想要拥有一只属于自己的伯爵腕表，而表厂的产能也得到了最大化的发挥与利用。尽管制表工坊采用了现代化的制表设备，但却并不足以应付当时的市场需求。于是，崭新的伯爵厂房便于 1945 年在 La Côte-aux-Fées 落成启用，公司上层决定启动超薄机芯的研发工作。

伯爵出类拔萃的制表技艺，曾为钟表史撰写过美丽的页章。1957 年，伯爵位于 La Côte-aux-Fées 的厂房推出了著名的 9P 手动上链超薄机械机芯；

伯爵工坊的珠宝技艺世代传承、历久不衰，已成为日内瓦最具规模的珠宝工作坊之一

上图 Possession 戒指，钻石在光影中舞动闪烁着光芒

左页图
Possession 系列吊坠，两环互相紧扣，代表一段亲密关系

1960 年，伯爵的制表工匠推出厚度仅有 2.3 毫米的 12P 机芯，它也是当时世界上最纤薄的自动上链机芯。这两款机芯的问世不但激发了伯爵设计师无拘无束的创意，更是指明了伯爵品牌的发展方向，而由伯爵制作的珠宝腕表，也曾为钟表史上翻开过崭新的一页。除了内外兼美的珠宝腕表外，伯爵还推出过金币表、指环表、胸针表甚至是袖扣表系列。

同时，伯爵还首次推出了品牌珠宝系列，并在 1957 年制作出男士手表史上的经典杰作——Emperador 腕表。此外，伯爵还在日内瓦建立了一家珠宝工作坊，并在 1959 年成立了首家伯爵专卖店。在超薄机芯制造方面的独家技术以及在制作珠宝方面的精湛工艺，也让拥有两大优势的伯爵品牌开始步入国际时尚界的创意殿堂。伯爵坚持大胆创新，从而也激发出了无限的创意火花。

伯爵令人目眩神迷的创新设计，曾为品牌赢得了享誉国际的巨大声望，并在奢华腕表与精准性能等领域一时间声名鹊起。1964 年，伯爵首次推出采用青金石、绿松石、黑玛瑙、虎眼石等宝石来制作表盘的系列腕表，一时间震惊了当时的国际钟表界。紧接着，由伯爵推出的袖扣表也是备受瞩目，成了奢华腕表的经典象征。伯爵秉持着与时俱进的精神，于1976年推出了当时最为小巧的7P石英机芯。从此，大胆的创意与独到的表现手法，便成了伯爵最典型的品牌风格。

伯爵以独特的创意获得了市场的青睐，不断推陈出新。透过精湛的钟表与珠宝工艺，伯爵不断挑战自我、力图臻于登峰造极的境界。对伯爵而言，独立自主的精神、内敛考究的华丽，以及坚持另辟蹊径、力求产品风格创新的理念，俨然已经同伯爵品牌血脉相连。

伯爵创意的出发点，尤其着重于将腕表构思为一件时尚配饰，推出符合潮流、同时又历久弥新的完美款式——1979年问世的Piaget Polo系列，就兼具了前卫与经典两项特质，是深受明星喜爱的腕表杰作；而1986年推出的Dancer系列表款，也曾赢得了众多人士的一致肯定。伯爵将这一系列璀璨绚丽的珠宝腕表，献给了当时刚刚摆脱传统包袱的时尚女性，以实现她们的个人梦想。自1980年开

Possession 手镯，黄金材质造型捕捉住光影的闪烁

始，伯爵品牌在伊夫·伯爵（Yves Piaget）的领导下，持续不懈地追求着卓尔不群的时尚品位。

伯爵 Possession 系列戒指，以恣意转动为灵感创意，获得了空前的成功

1988 年，伯爵正式加入历峰集团旗下，品牌也仍遵循着昔日的优良传统，日益发展茁壮。1990 年，伯爵推出首个珠宝系列——Possession，以转动为灵感创意，获得了空前的成功。紧接着，Limelight 系列的问世也为珠宝界增添一丝好莱坞式的时尚风采。搭配可随时替换表带的 Miss Protocole 系列，更以别出心裁的创意，在 1998 年初试啼声之时，便赢得市场的热烈回响。

2001 年，伯爵 20 世纪 70 年代的复古经典代表之作 Piaget Polo，以焕然一新的面貌重拾年轻活力；2002 年，以花园为主题的 Magic Reflections 珠宝系列盛装登场；翌年，伯爵在 Limelight 系列中增添了珠宝表款，传达出品牌对时尚的长期诉求。2004 年，已成功跻身世界主流奢侈品品牌之一的伯爵欢庆自己的 130 周年纪念日，此时，伯爵在全球已拥有 30 多家专卖店。伯爵第四代掌门人伊夫在当时表示道，作为一家顶级手表品牌，伯爵的开店宗旨，便是“只选顶级地段，宁精勿滥”。伯爵先生介绍，伯爵专卖店对于选址特别苛刻，“必须是当地城市最豪华地段中顶级的卖场”，才有可能被列入备选店址。伯爵在全球各国的专卖店分别位于美国纽约的第五大道、日本东京的银座、新加坡的乌节路等豪华地段。

伯爵的 Possession 系列一经推出，便成为珠宝界中的经典代表之作，只需再添一款腕表系列，便可臻于尽善尽美。于是在 2005 年，Possession 腕表粉墨登场，带领着万千崇拜者自由自在地悠游于光

Limelight 戒指，灵感源自鸡尾酒，清爽愉悦

阴生生不息的流转之间。在伯爵工作坊，“制造”一词可以说是名副其实，40 多个专业职位均始于 1874 年。除拥有深厚的品牌历史外，伯爵还不断推陈出新——从简单的概念，直至技术复杂的腕表，或是宝光四射的珠宝，伯爵始终都严格控制所有的制作工序与技术。

无论是在日内瓦还是 La Côte-aux-Fées，伯爵都为品牌提供了独一无二的创造视野。通过生产流程全面整合，从机芯零部件的制造，到表壳的最后的抛光，伯爵工序也始终都享受着绝对的创作自由，从内而外地确保了其时计的真实性。正是凭借这些理念，伯爵品牌才能够在严谨的高级钟表市场独树一帜、成为一家备受崇仰的高级时尚品牌。此外，伯爵还拥有渊博的珠宝镶嵌能力，并设有专业的珠宝工作坊，每年镶嵌珠宝百万余粒。

在整个发展历程中，伯爵以引领时尚、技艺超群而著称，亦成了大胆创新、匠心独具的典范。伯爵设计师任凭想像力自由驰骋，其无限创意更是贯穿各个主题。每年可获选成为主题腕表及珠宝的只有 20 多款，工匠们首先需以人手在腕表及珠宝上绘画出独特精美的图案，在设计获得认可后，工作坊每个部门便会全力以赴，以出色的工艺和才华来共同完成这些艺术珍品。

伯爵的宝石学珠宝专家坚持只挑选最优质的名贵宝石，而挑选钻石时更是必须符合颜色（D 至 G）和纯度（IF 至 VVS）的最高标准。所有钻石也均需经过严谨的内部标准检验，无论是克拉、颜色、切割，还是纯度，都必须经过专家们一丝不苟的鉴定

熠熠生辉的宝石项链，Limelight Party 项链，珍稀的祖母绿引发无限奢华梦想

才可最终完成。为了寻觅到理想的红宝石、祖母绿、蓝宝石和钻石原石，打造出最完美的公主形切割宝石或枕形切割宝石，这些专家们不惜踏遍千山万水，足迹遍布全球各个角落。伯爵工坊的珠宝技艺世代传承、创意不断、历久不衰，已成为日内瓦最具规模的珠宝工作坊之一。此外，伯爵还是责任珠宝实务委员会（CRJP）组织的成员之一，旗下所有钻石产品供应均严格遵守了“金伯利进程”的商业道德规范。

在日内瓦地区规模最大的伯爵表厂，也凭借精湛的工艺理念，为自己赢得了卓著的声誉。隐形镶嵌、钉式镶嵌、倒式镶嵌、密封镶嵌、爪镶……一系列丰富多彩的镶嵌技艺，赋予了伯爵表厂高度的创作自由。现如今，熟练掌握珐琅技艺的匠人早已是凤毛麟角，珐琅工匠首先需要将粗珐琅研磨清洗至细粉状，然后将其与香精和黏油混合，制成彩色的粉团。珐琅上的图案是以毛笔逐层上色，每层珐琅质都需经过800度的高温炉火烧制。难度越大的题材，珐琅匠人所使用的色彩就越是纯净而热烈。最后，这些珐琅还需经过数次炉火烧制，通过著名的日内瓦技术，令珐琅图案清澈透明而又极富深度；制作过程如履薄冰，一个小小纰漏便会前功尽弃，一切重来。

Limelight 戒指，灵感同样源自鸡尾酒，栩栩如生

2010年，伯爵为其中国最大的旗舰专卖店——伯爵上海淮海形象店暨时间回廊举办了盛大的开幕典礼，各界贵宾在伯爵高级珠宝及腕表的衬托下显得格外美艳动人。期间，社交名流及众多媒体悉数到场，共同参加了此次盛事。伯爵以其独特的艺术魅力，为著名的上海淮海商

参加第 25 届巴黎古董双年展的伯爵珠宝作品，璀璨闪耀

业圈披上了一层耀眼而又夺目的奢华光芒。伯爵能够捕捉到时间的神韵，每一件伯爵钟表和珠宝作品，都是在胆识、专业和想像力的共同驱动下，对精湛工艺不懈探求的伟大结晶。

“中国现已成为伯爵在亚太地区的第三大市场，其营业额更是占到了伯爵全球营业额的 14%；在接下来的时间里，我们将会把 200% 的精力都投入到这个新兴的国际时尚界焦点市场中来。”伯爵第四代掌门人伊夫表示说道。

蒂芙尼
TIFFANY & CO.

时尚与浪漫共存

自 1837 年创立以来，蒂芙尼 (Tiffany & Co.) 已成为世界顶级珠宝品牌及美国珠宝设计的伟大发源地，今天为世人所熟知的订婚戒指，其实就是由美国蒂芙尼公司首创，其最负盛名的六爪镶嵌设计，至今仍是广受推崇。

的确，蒂芙尼珠宝能够将恋人的心声娓娓道来，而其独创的银器、文具和餐桌用具，更是让人心驰神往。经典设计是蒂芙尼的作品定义，这意味着每一件令人惊叹的完美杰作都可得以世代相传。蒂芙尼的设计从不迎合起起落落的流行时尚，因此也就不会落伍，而是完全凌驾于潮流之上。蒂芙尼的

左图
查尔斯·路易斯·蒂芙尼夫妇

右图
蒂芙尼公司所在的建筑大楼

蒂芙尼 Majestic 钻石项链，这件惊世之作传承了蒂芙尼一贯追求卓越品质的传统，堪称完美典范

左图
蒂芙尼公司的银器工作室是美国第一所设计学校

右图
蒂芙尼公司是美国首家应用92.5% 纯银标准的企业

创作精髓与品牌理念，皆焕发出一股浓郁的美国特色——简约鲜明的线条诉说着冷静超然的个性和令人心动的优雅。蒂芙尼的设计讲求精益求精，能够随意从自然界万物中获取灵感，撇下繁琐和矫揉造作，只求简洁明朗。和谐、比例和条理，被设计师融合在每一件蒂芙尼作品之中，以最完美华丽的姿态呈现。

品牌创立不久，蒂芙尼就设计出了束以白色缎带的蓝色包装盒，从而也成为该品牌最为著名的一个标志。19 世纪末 20 世纪初，蒂芙尼首次使用不锈钢首饰盒，并强调只要银色，而非金色。 没有财富是从天而降的，从一个小小的文具精品店发展到当今世界最大的珠宝公司之一，“经典”俨然已成为蒂芙尼的一个绝佳代名词。太多的人都以佩戴蒂芙尼的首饰而引以为荣，这也正是蒂芙尼历史不断积淀所最终酿成的耀眼结晶。

19 世纪 30 年代，纽约正处于一个蓬勃发展的鼎盛时期，奢华品位纵横风靡、富豪新贵们热血沸腾。而 1837 年的纽约，亦成了查尔斯·路易斯·蒂芙尼（Charles Lewis Tiffany）和约翰·扬（John B. Young）这两位当时年仅 25 岁的年轻人大展拳脚的舞台。在蒂芙尼父亲1000美元的慷慨资助下，两人一同在纽约百老汇开办了并不起眼的小铺，专门经营文具和工艺品，第一天的销售总额仅为4.89美元。成立之初，蒂芙尼的每一件货品都标明了“铁价不二”，此举也成了当时的一则重大新闻。从这家小小的精品店开始，两位创始人深受自然界灵感的启发，以简约、和谐、明朗的高雅格调进行珠宝设计。他们甄选了全世界最珍贵的钻石、珠宝与珍珠，成就了极致璀璨的珠宝设计珍品，从而一举将蒂芙尼打造成为一家全球顶级的珠宝品牌。

在通往百老汇大街259号崭新商业中心的道路上，随处可见身着绫罗绸缎、头戴蕾丝女帽的时尚女士们，迎面看到的，则是一派车水马龙、熙熙攘攘的繁华都市景象。他们发现，与植根于宗教仪式格调的欧洲设计美学截然不同，在蒂芙尼，一股全新的“美国风尚”正在逐步兴盛壮大。蒂芙尼前沿的思想理念，摆脱了维多利亚时代矫揉造作的华丽。

19世纪70年代，蒂芙尼公司已成为美国国内首屈一指的珠宝制造商

从最初的银制盘子和刀叉等餐具，一直到珠宝产品，这种风格已成为蒂芙尼设计永恒的特征，非凡的风格也铸就了蒂芙尼卓越优雅的时尚品位。蒂芙尼从建立伊始，便开始沿用至今仍极为独特鲜明的蓝色调，而蓝色也早已成了蒂芙尼卓越品质与精湛工艺的经典象征，每次看到那饰以白色缎带的蒂芙尼蓝色礼盒，人们都不禁为它所传递出的时尚优雅气息深深吸引。

在 1867 年巴黎世界博览会上，蒂芙尼公司首次荣获国际赞誉。公司因精湛的银器制造工艺获得了至高奖项，这同时也是有史以来首次美国设计公司受到外国评审团的高度评价与赞赏。与此同时，蒂芙尼公司亦是美国首家应用 92.5% 纯银标准的企业。通过查尔斯·路易斯·蒂芙尼的不懈努力，这一比率在随后便被美国国会正式采用，成为一个广为盛行的纯银权威标准。蒂芙尼公司的银器工作室是美国第一所设计学校。正如观察家所评论的那样，它是“促进艺术发展的教室”，学校鼓励学徒们仔细观察、描绘自然。为此，工作室总监爱德华·C·摩尔还搜集了大量的素描作品和艺术品供学徒们研究学习。

蒂芙尼的设计，完美诠释了女人、花与珠宝三者之间永不落幕的故事

蒂芙尼兰花胸针，花瓣自然舒展，尽显美态

19 世纪 70 年代，蒂芙尼公司已成为美国国内首屈一指的珠宝、钟表乃至豪华餐具、个人和家居饰品制造商。1878 年，蒂芙尼从南非金伯利钻矿购得一枚堪称世界最大、最优质的黄钻，在蒂芙尼著名宝石学家乔治·坤斯博士的指导下，工匠们将这枚 287.42 克拉的钻石切割成一枚有着 82 个切割面、重 128.54 克拉的精美宝钻。这枚宝石无疑为蒂芙尼增添了传奇般的光辉与亮洁，后来被冠以“蒂芙尼钻石”的头衔，堪称是蒂芙尼精湛工艺的典范。

1882 年，路易斯应切斯特·阿瑟总统的邀请重新装饰白宫，从此确立了其“美国首席设计师”的至高地位。1886 年，蒂芙尼开创了

Jean Schlumberger 设计的缎带项链，轻舞飞扬

Tiffany®setting(六爪镶嵌法)。该工艺的特别之处在于，宝石由六枚铂金细爪固定并凸嵌于戒指之上，令宝石可以更加完美地反射光线，尽显其夺目光华；时至今日，蒂芙尼六爪镶嵌法仍是世界上最为流行的订婚钻戒镶嵌法之一。在1900年的巴黎世界博览会上，蒂芙尼再次于欧洲殿堂内大放异彩——公司展出了有史以来品种最多的美国珠宝珍品，以及灵感基于美洲土著陶器、编篮设计的大量精美银器。

左图
蒂芙尼NOVO钻石订婚戒指，切割精准，完美典范

右图
重达2.51克拉艳彩绿蓝色钻石，铂金戒托上包围镶嵌璀璨白钻

最终，蒂芙尼公司不仅捧走了珠宝、银器大奖，还获得了其他六项金奖，彰显出蒂芙尼产品在全球市场中无与伦比的优越地位和畅销之势。进入20世纪，蒂芙尼公司已拥有1000多名员工，并在伦敦、巴黎和日内瓦分别开设了分公司。1902年，公司创始人之子——路易斯·康福特·蒂芙尼(Lewis Comfort Tiffany)成了蒂芙尼公司的首位设计总监，公司启用了整整一层楼的空间来摆放蒂芙尼工作室的设计作品。

出生于1848年的小蒂芙尼虽不具备父亲所独有的销售魄力，但同样也是极具创造精神，从此，蒂芙尼的首饰设计工艺开始在他的手里发扬光大。在结束了巴黎的海外学习经历后，小蒂芙尼便成了

一名杰出的玻璃制品专家，他成功创建了蒂芙尼工作室并发明了独一无二的螺旋形纹理和多面形钻石切割工艺，令钻石闪烁出更加夺目的奢华光彩。从工艺卓越的玻璃制品到五彩缤纷的蒂芙尼 Favrile 玻璃器具及灯饰作品，乃至以美洲植物、花卉为原型并饰以珐琅及绘画的珠宝玉石等独特设计，都将蒂芙尼成功打造成为一位美国新工艺的杰出代表。

美国社会的众多杰出名流，都是蒂芙尼的忠实追随者——J · P · 摩根曾向蒂芙尼订购过金银制品；莉莲 · 罗素的崇拜者们为她定购了一辆蒂芙尼纯银自行车；而在美国内战时期，林肯总统更是为夫人玛丽 · 托德 · 林肯购买了一条蒂芙尼细粒珍珠项链，以供其在总统就职晚宴上佩戴。

从 20 世纪 20 年代的奢华风格到 30 年代的现代主义，以及四五十年代的流线型款式，蒂芙尼始终都准确地把握着时代的精髓。正因如此，蒂芙尼的瓷器才会出现在白宫的餐桌上；蒂芙尼的珠宝才可点缀于杰奎琳 · 肯尼迪 · 奥纳西斯、贝比 · 佩利和黛安娜 · 维兰德等世界魅力女性的颈部腕间。著名珠宝设计师让 · 史隆伯杰以其独特的珠宝创造风格闻名于世。1956 年，蒂芙尼总裁沃尔特 · 霍文先生邀请史隆伯杰加盟蒂芙尼；自那时起，史隆伯杰那自然华美的珠宝设计便始终都是蒂芙尼公司的一个伟大骄傲。

左图
36 颗浓彩蒂芙尼黄钻，与白钻交错闪耀于项链之上，优雅绚丽

右图
精美绝伦的蜻蜓和花朵吊坠，铂金和 18K 黄金镶嵌钻石、沙弗莱石和玛瑙

与此同时，蒂芙尼还曾多次应美国政府和外国政府的邀请进行设计品创作，包括美国最高军事奖项——“国会荣誉勋章”、重新设计的美国国玺等。各大企业与专业机构同样也非常青睐蒂芙尼的设计才能，最著名的作品当数美式足球联盟超级杯的冠军奖杯——文斯 · 隆巴迪杯。自 1967 年第一届“超

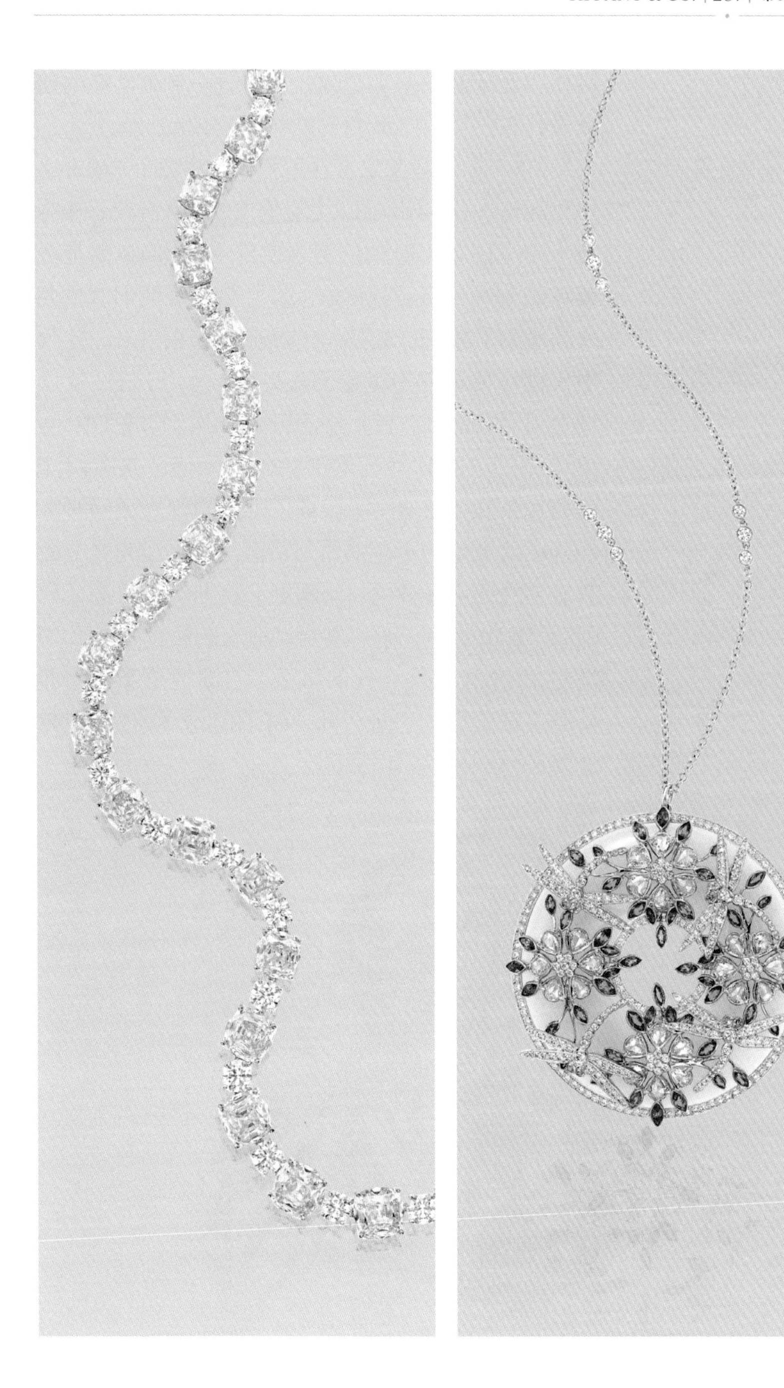

级杯”比赛起，蒂芙尼就包揽了这一著名奖杯的独家设计权。

1995 年，蒂芙尼在法国卢浮宫举办了“城市之钻”展览，旨在回顾让·史隆伯杰的伟大作品；作为另一个见证重大时刻的著名设计，Lucida® 则是蒂芙尼的专利钻石切割镶嵌法，它为相爱情侣的重要时刻增添了神圣的光彩，自 1999 年推出以来，这种现代设计便进一步奠定了蒂芙尼作为“订婚钻戒设计之王”的地位。旨在纪念公司初创之日的 Tiffany 1837 系列，印有蒂芙尼创始年份标记，其圆润流丽的线条和凹曲造型不仅成了时尚的标志，同时也凸显出蒂芙尼的卓越品质与精湛工艺。作为史上最负盛名的珠宝设计之一，诞生于数十年前的蒂芙尼 Open Heart 系列，也以其灵动迷人的曲线展现了 20 世纪 70 年代现代女性的风采，自面世至今始终都备受全球女性的一致青睐；而 Tiffany Keys 系列的

Zellige 系列钻石戒指，配上玛瑙石，突显美丽的几何图形

灵感则源自于蒂芙尼古典珍藏库中的钥匙设计，这些作品以其与生俱来的别致风格和无穷魅力，完美展现了现代女性的优雅动人。

无论人们愿意出多少钱，查尔斯·路易斯·蒂芙尼先生有一样东西都是只送不卖的，那就是他的盒子。公司严格规定，印有公司名称的空盒子是不能带出公司的，蒂芙尼蓝色礼盒必须装有公司售出的产品，这样公司才会对其品质加以保证。随着蒂芙尼品牌声誉愈隆，蒂芙尼蓝色礼盒也开始盛名远扬。蒂芙尼钻戒象征着美丽的承诺和永恒的爱情，蒂芙尼蓝色礼盒则预示着人们一生中最浪漫的时刻即将随着盒子的打开翩然而至，这些幸福的画面在众多电影和经典书本中仍是那样的历久弥新。每一份被独特鲜明蒂芙尼蓝色礼盒承载的礼品，都象征着蒂芙尼的经典传承与无上品质。蒂芙尼蓝色礼盒为人们生命中的每一个重要时刻都增添了高贵典雅、激情洋溢的欢乐氛围，无论是生日派对、毕业典礼、周年庆祝、营销活动或是个人庆功会，蒂芙尼蓝色礼盒常常都是奖赏自己或馈赠他人的不二之选。繁华街道上的惊鸿一瞥，或是将它捧在手心静静凝视，蒂芙尼蓝色礼盒每时每刻都在等待着为悦己者奉献出一番美妙的欢愉。

近两个世纪以来，蒂芙尼树立起了良好的国际声誉，见证着世人生命中的每一个重要时刻；无论是梦想成真、幸运降临，抑或是奖赏自己，蒂芙尼总能捕捉到这一份份浪漫感觉、留住完美回忆。精湛的设计、无上的品质，都令蒂芙尼品牌传达出了与众不同的时尚讯息，同时也将这个已拥有 170 多年深厚历史的世界珠宝品牌完美升华。

梵克雅宝
VAN CLEEF AND ARPELS

顶级珠宝王国最为明亮的明珠

鬼斧神工的镶嵌工艺

自诞生那天以来，法国著名奢侈品品牌梵克雅宝，便一直都是让世界各国贵族和名流雅士迷恋不已的顶级珠宝名家。这家已有百年历史的珠宝品牌，以其独树一帜的设计理念和精湛工艺，赢得了世界的赞誉，它浸染了巴黎的艺术气息，紧随自然韵律，应和一颗颗渴望飞扬的心，在珠宝的殿堂中，演绎着一种和谐轻盈之美。

梵克雅宝以巴黎凡顿广场的凡顿立柱作为视觉设计，创造出一个内含品牌所写字母 VC 和 A 的菱形符号。这个品牌标志 1938 年通过注册，而后梵克雅宝每推出新的作品，都会在上面铭刻这个品牌印记，象征品牌的宝石来源和贵金属含量，都经过了严格的品质管控。

凡顿广场素有“巴黎珠宝箱”之称，更是流行时尚的发源地，凡顿立柱就矗立在广场的中心位置，梵克雅宝以此作为图腾设计，隐隐透露着自我定位的高度期许，同时也似乎要让世人永记品牌当年在此萌芽的创业精神。

梵克雅宝的珠宝力求在保持品牌经典特色的前提下，永远寻求创新与变化，与时代共同进步，就如同佩戴它的女人一般，把娉婷的高雅气质与大自然简约清丽的淳朴自然完美地融为一体，款式时而

2004 年创作的 Envol 项链，是梵克雅宝仲夏夜之梦系列最重要的作品之一。“隐秘式镶嵌法”这种登峰造极技法，为梵克雅宝所独有。两只不对称的蝴蝶在颈间轻盈飞舞，极具诗意之美

雍容华贵，时而简约明快，时而端庄雅丽。

梵克雅宝具有非常独特而完整的品牌特征，优雅而丰富，将起源、根本、历史、当代与未来有机而协调地结合在一起。没有什么是一成不变的，但是历经近一个世纪的发展，梵克雅宝将其独有的产品特征，通过与众不同的设计理念注入每件作品之中，“我们从不创作任何与从前的作品毫不相干的新产品”，是梵克雅宝一直坚持的理念。

梵克雅宝的品牌特色是一种微妙的组合，它超越了物质之外的理念、价值、知识和创作经验，协调而又完美地融合在了一起。选择梵克雅宝的女性是迷人的、永恒的、令人愉快而优雅唯美的。唯美是统领一切的基础，而且每一个细节都是至关重要的。这其实是一个关于细腻与微妙的问题，与任何人无关，而在能够领略和欣赏它的人们之间有着一份无法抗拒的吸引力，这就是梵克雅宝创造出来的优雅。

梵克雅宝的故事始于一段浪漫的爱情故事。1896 年，来自宝石世家的艾斯特尔·雅宝，与阿姆

左图
拥有百年历史的梵克雅宝，赢得了世界的赞誉

右图
梵克雅宝自 20 世纪以来打造了无数见证世界上伟大爱情的珠宝作品

1906 年，在巴黎凡顿广场 22 号开设了第一家梵克雅宝精品店

斯特丹钻石商的儿子阿尔弗莱德·梵克喜结良缘，这段传奇的姻缘奠定了一个伟大品牌的诞生。1906 年，阿尔弗莱德·梵克与艾斯特尔·雅宝的兄弟——查里斯和祖利安合作在尊贵的巴黎凡顿广场 22 号设立了梵克雅宝的第一家珠宝精品店，从此翻开了梵克雅宝历史发展的第一章。

凡顿广场是法国精神的缩影，这里承载着 18 世纪君主王朝的高贵神韵，孕育了经典主义的和谐。自从 1906 年在凡顿广场设立第一家专卖店开始，梵克雅宝即以“高雅、品质以及追寻法国精神的精髓”等几大特色闻名于世，从地球遥远的角落收集各种极品宝石，从宇宙四方萃取设计灵感，秉持着一丝不苟、精益求精的创作精神，以及鬼斧神工的镶嵌工艺，令其珠宝作品一经面世便名声大噪。

自 20 世纪初开始，法国名流贵贾的视线便不仅仅只停留在凡顿广场上，海滨胜景和度假时尚席卷了整个欧陆，流行的话题离不开法国南部的海滨风情。梵克雅宝瞄准了市场走向，从 1909 年开始，

店内也浸染了巴黎的艺术气息

公司便大胆地在多个时尚的海滨度假热点和温泉度假胜地开设分店，如多维尔、维希、戛纳和蒙特卡洛等时尚聚集地。

1917年，梵克雅宝获得法国奥尔良唐·安东尼奥王子所颁发的专利许可。一年后，品牌设计并推出了一款镶嵌有宝石和怀表的腰带饰品；紧接着，梵克雅宝又接连推出了数款作品，如1922年的鸟形胸针、1923年极具装饰艺术风格的Entrelacs胸针和Bow胸针，以及1924年外形犹如领结一般的胸针作品。

20世纪20年代，以古埃及为创作灵感的艺术作品开始进入时尚界顶端，梵克雅宝也随之在1922年至1925年间推出了一款名为“埃及”的珠宝作品。这件作品的创作灵感，便来自于卡纳冯勋爵于1922年所发现的图坦卡蒙法老墓穴。

1930年，梵克雅宝发明了满载女性柔情的百宝匣。百宝匣是现代化妆箱的始祖，特别被品牌注册成为专利商标，其中可摆放各种随身小件，内里镶嵌风景、花卉或中国艺玩图案，造工之精湛可媲美18世纪典丽家具。

梵克雅宝的另一项闻名遐迩的杰作，便是1933年发明的“隐秘式镶嵌法”。这种镶工可以让宝石紧密地排列在一起，其间没有任何金属或镶爪，而是运用轨道一般的手法，把宝石切割成同样大小，再一个个套进内部。

尽管这样的装饰法非常耗时，但其所呈现的结果却可令宝石服帖肌肤，随着肢体运动呈现出多角度不同的光泽。这种技术没有任何肉眼可见的爪子，镶嵌效果简洁悦目，可用于手镯、花卉或蝴蝶胸针、戒指等各类首饰。目前，全世界能够创作“隐秘式镶嵌法”这种登峰造极工艺的工匠不超过6个，而且统统专属于梵克雅宝。

左图
经典Zip系列项链

右图
品牌最有代表性的Zip拉链项链，通过特殊的断口连接方法可以将其拆卸成两条或两条以上的同款手链

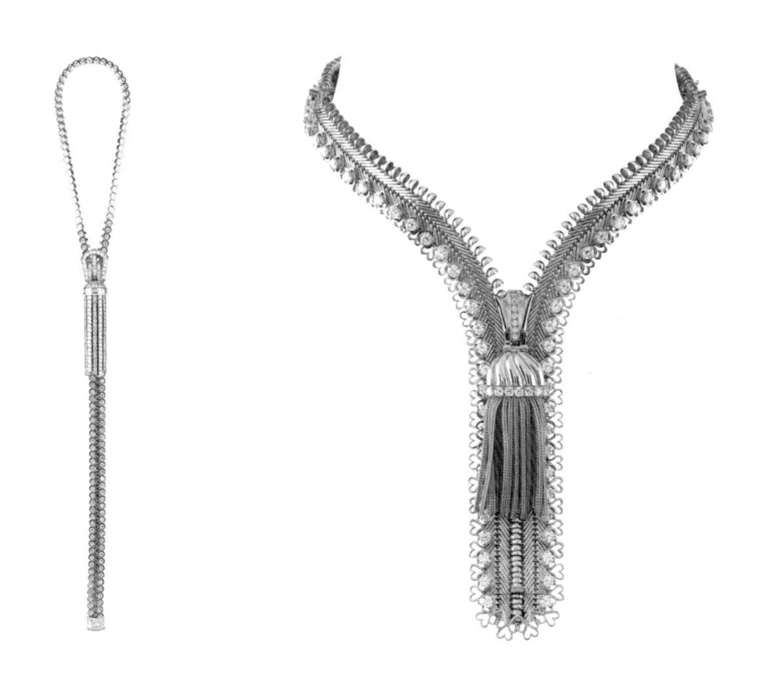

梵克雅宝的变革源自于家族。自20世纪以来，家族的大事与伟大的人物一直在创造着历史。秉承着不断求变的宗旨，这些英才与国际上流社会同步并进，为品牌编写着光辉的发展足迹。自其诞生之日起，梵克雅宝便一直备受世界各国皇室贵族和名媛雅士的推崇与喜爱，更是无数华会盛典的焦点所在——梵克雅宝1937年为“不爱江山爱美人”的温莎公爵的婚礼设计过胸饰；1939年为埃及王后纳丝莉、公主法西雅及其他多名王室成员设计过王冠、颈饰、耳环、手镯等。

1939年，梵克雅宝做出了关键的决定，在大西洋彼岸的美国纽约设立办事处，随即进驻纽约第五街744号，时至今日依然未变。

Danseuse Espagnole 胸针，梵克雅宝典藏系列，出自1941年的珍品

1965年摩纳哥王子雷尼尔与好莱坞明星葛蕾丝·凯莉的订婚，特别选用了梵克雅宝的一套珍珠圆钻首饰，并指定其为摩纳哥皇室的御用珠宝供应商。1967年伊朗皇后芭哈菲加冕时，委托梵克雅宝设计后冠和加冕珠宝，这款御廷瑰宝贵气天成，成为梵克雅宝最为人赞颂的经典力作之一。

2001年，梵克雅宝正式推出全新的Alhambra系列。梵克雅宝以莎士比亚的著名剧作《仲夏夜之梦》为创作灵感，复活了一个充满神秘魅力的“珠宝花园”，并以莎士比亚浪漫诗句“仲夏夜之梦”为名，缔造出一个小仙子与小精灵居住的梦境国度：四周是浪漫而神秘的树林、令人心醉的天与地，钻石及珍贵宝石精密配合制成的

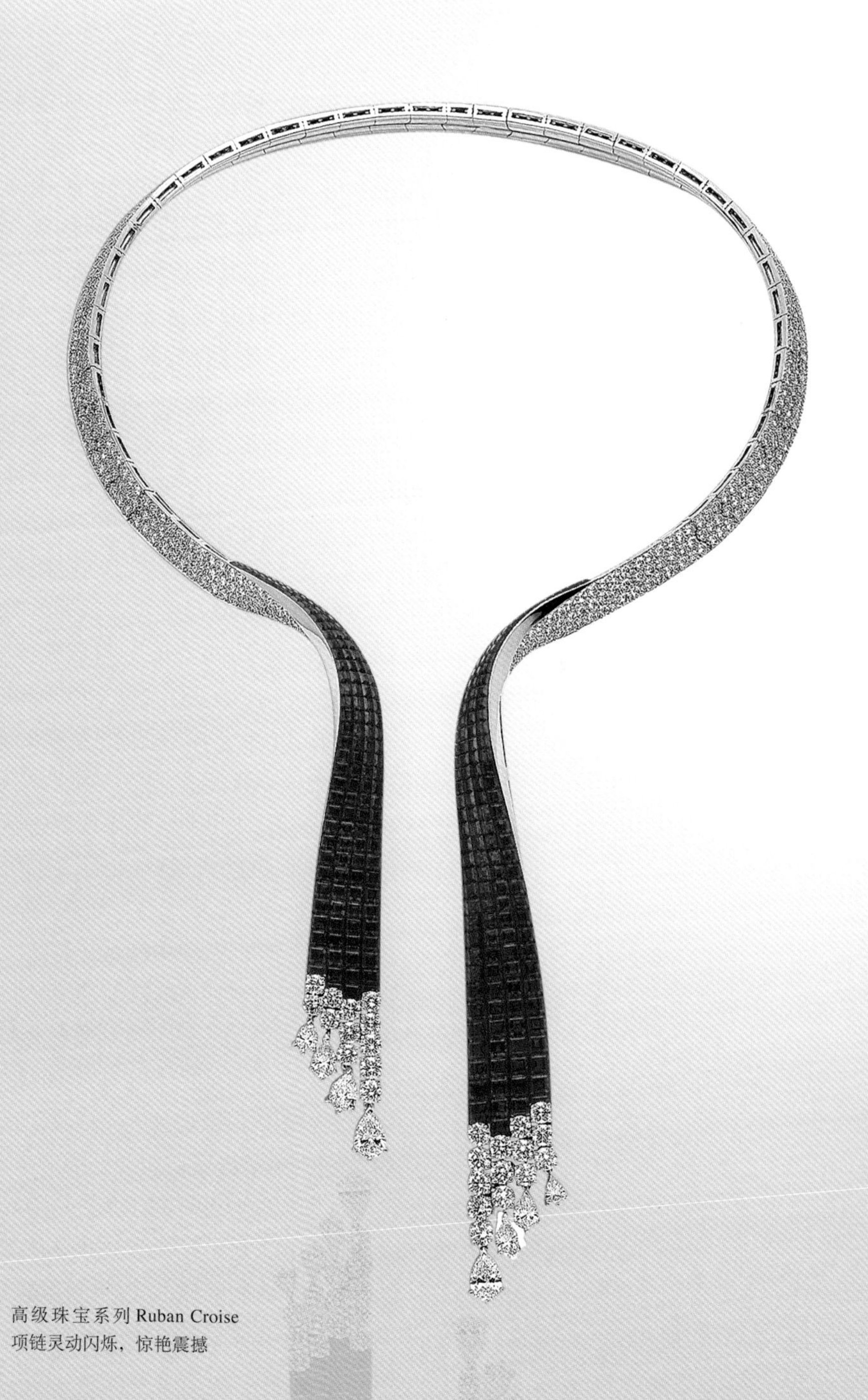

高级珠宝系列 Ruban Croise
项链灵动闪烁，惊艳震撼

Folie des Prés 胸针充分体现了梵克雅宝的追求完美、精确细致的精神

Folie des Prés 系列，将设计师的匠心独运表露无遗。

2004 年，梵克雅宝再度展现不固守的积极态度，将百年高级订制珠宝的优良血脉，融入了珠宝时尚的新风潮，提出“把布料变成珠宝，珠宝变成布料”的全新战略。

梵克雅宝珠宝系列 Couture Collection 改变了珠宝佩戴的方式，也改变了女人欣赏珠宝的眼光。高级订制珠宝系列提出八种对珠宝进行设计不同的新想法，总值超过 10 亿元的身价。蝴蝶结的装饰细节，自然是讨论高级订制女装不可忽略的重点。据说，该灵感来自法国皇后安妮所倡导的简单主义。

在众多珠宝经典中，以花型作为设计主轴的 Broderie 系列，呼应着订制服最精髓的精细刺绣绣法，并融入梵克雅宝以大自然汲取灵感的传统，以钻石、蓝宝石为花形的素材，将晶透的绿色石榴石为叶，时而含苞待放，时而绽放，展现花世界的生命力。

Petillante 系列，如同字面呈现的就是一种闪闪发光的视觉效果，以不同切割钻石的拼组，将钻石如穿绣手法串联于贵金属丝线上，灵感则来自女人胸衣上的绑带花边。

Boutonniere 及 Zip 系列，则更为写实地点出了以服装为意念的主轴。其实，早在温莎公爵时期，梵克雅宝就曾将拉链作为珠宝设计的源泉。该作品如同真拉链可滑动的设计，在设计上以皮革取代贵金属的镶材，将公主式切割钻石镶嵌于皮带拉链式手环，很有 20 世纪 20 年代女子的不羁作风。

梵克雅宝 Envol 珠宝系列是蝴蝶造型设计的优美延伸，包括戒指与手镯，以黄 K 金或白 K 金镶饰彩蝶，捕捉蝴蝶往日的细腻的姿态，以创新的技法呈现于世。

2006 年，为了向首间开设于巴黎凡顿广场 22 号的梵克雅宝精品店致敬，梵克雅宝陀飞轮腕表特别全球限量发行 22 只，弥足珍贵。

同年，梵克雅宝继续用璀璨的珠宝诠释大自然中绚烂的生命。Cosmos 意为大波斯菊，其四片花瓣造型分别象征关爱、永恒、和谐、无限。顽强的大波斯菊与灵动的蝴蝶，在珠宝的世界中被梵克雅宝重新演绎，赋予了珠宝无比璀璨的生命力。Cosmos 珠宝系列以璀璨的圆形切割钻石精致镶嵌，呈现栩栩如生的高贵华丽气质。

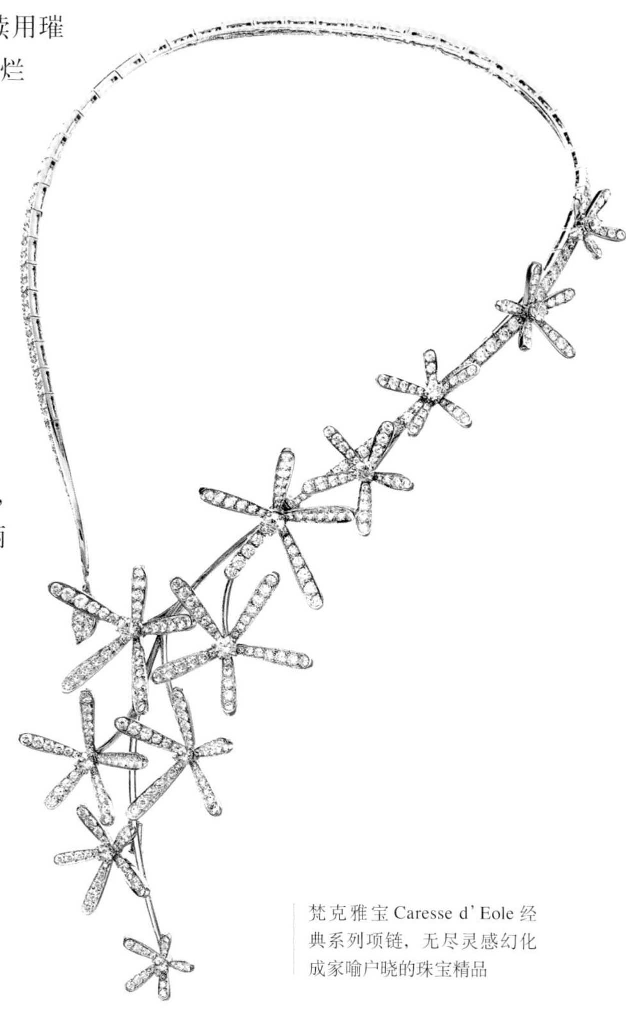

梵克雅宝 Caresse d' Eole 经典系列项链，无尽灵感幻化成家喻户晓的珠宝精品

逾一个世纪以来，爱与自然一直是梵克雅宝两大紧密相连的灵感泉源。为献礼 2011 年情人节，品牌首席珠宝制作大师以天马行空的创作热情，倾情打造了 Nid de Paradis 系列。

这一挚动心田的珠宝臻品，以蔓曲缠绕的造型设计，展现出甜蜜相守、无以言说的爱情真谛。安守于漩涡中央的剔透美钻，以深情寓言暗示恒久的热情和分分钟的呵护暖意。全新 Nid de Paradis 珠宝套装在品牌工厂巨匠的精心锤炼下优雅诞生，被赋予了细腻柔美的曲线，完美演绎着高级珠宝所独有的极致工艺和传世品质。

Nid de Paradis 系列蕴含着成就梵克雅宝顶级珠宝及腕表品牌美名的超凡专业智慧，所有镶嵌钻石在白度、亮度及净度均堪称顶级。如此严格的甄选标准，正是梵克雅宝珠宝佳作的经典标志。

历经百余年的努力与发展，梵克雅宝现已成为国际顶级珠宝王国中那颗最为闪亮的明珠。匠心独具的创新理念，以及立志永恒经典的创作精神，一并成就了梵克雅宝的百年传奇。

左图
隐秘式镶嵌红宝石 Pivoine 胸针，巧妙地运用了这种不对称的风格，呈现出了牡丹的美丽

右图
梵克雅宝经典 Zip 项链，可像拉锁一样，神奇地拉上成为一条手链

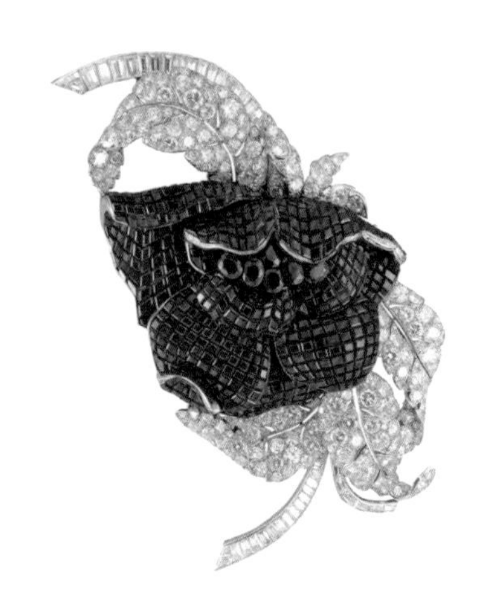

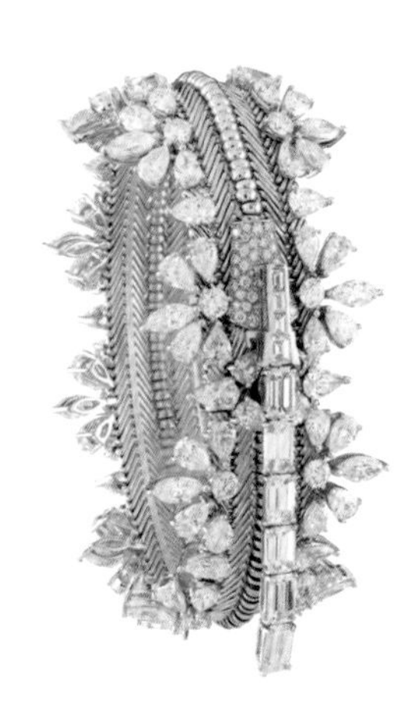

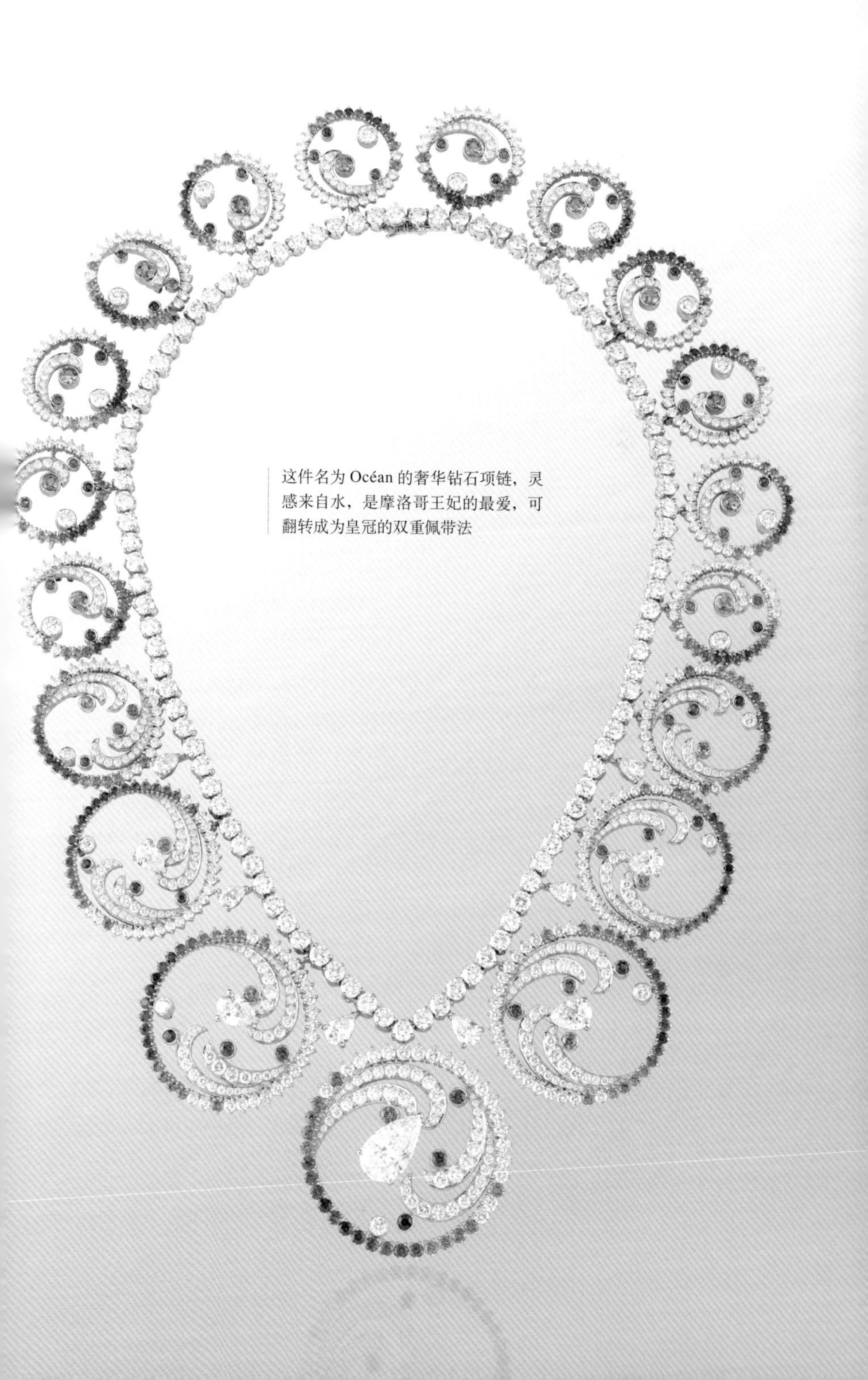

这件名为 Océan 的奢华钻石项链，灵感来自水，是摩洛哥王妃的最爱，可翻转成为皇冠的双重佩带法

品牌联系

宝诗龙
BOUCHERON

电话：(010) 6533 1441
邮箱：boucheron.bjyl@hotmail.com
网站：cn.boucheron.com

宝格丽
BVLGARI

电话：(010) 5866 9716
网站：http://zh-cn.bulgari.com/

卡地亚
CARTIER

电话：(021) 6288 0606
邮箱：customerservice.cn@cartier.com
网站：www.cartier.cn

香奈儿
CHANEL

电话：(021) 6321 5066
邮箱：pshwfj@chanel.com
网站：www.chanel.com/zh_CN

萧邦
CHOPARD

电话：(021) 6136 7886
邮箱：info@chopard.cn
网站：www.chopard.com

克里斯汀·迪奥
CHRISTIAN DIOR

电话：(852) 2522 7938
网站：http://www.dior.com/home/hk_ct/

玳美雅
DAMIANI

电话：(0574) 8720 0757
网站：http://www.damiani.com/cn

大卫·约曼
DAVID YURMAN

电话：(852) 2261 2955
网站：http://www.davidyurman.com/

德比尔斯
DE BEERS

电话：(010) 5738 2668
网站：www.debeers.com.cn

德·克里斯可诺
DE GRISOGONO

电话：(0041 22) 817 8100
网站：www.degrisogono.com

法贝热
FABERGE

电话：(852) 2118 3342
邮箱：sales@faberge.com
网站：www.faberge.com

萨尔瓦多·菲拉格慕
SALVATORE FERRAGAMO

电话：(021) 5012 0660
邮箱：sh060@cn.ferragamo.com
网站：http://ferragamojewels.com/en/

永恒印记
FOREVERMARK

电话：(010) 6702 8771
邮箱：ctfbranch4198@worldshop.com.cn
网站：http://www.forevermark.com/zh-cn/

乔治·杰生
GEORG JENSON

电话：400 688 6522
邮箱：service@georgjensen.com.cn
网站：http://www.georgjensen.com.cn/

格拉夫
GRAFF DIAMONDS

电话：(021) 6321 6660
邮箱：graffsh@graffdiamonds.com
网站：www.graffdiamonds.com

古驰
GUCCI

电话：(021) 6288 6113
网站：www.gucci.com/cn/category/f/fine_jewelry

海瑞·温斯顿
HARRY WINSTON

电话：(010) 8511 5595
网站：http://www.harrywinston.cn/

爱马仕
HERMÈS

电话：(021) 6288 0328
网站：www.hermes.com

景福
KING FOOK

电话：(852) 2845 6766
网站：http://www.kingfook.com/

LINKS OF LONDON

电话：(021) 3392 9720
网站：www.linksoflondon.com

路易·威登
LOUIS VUITTON

电话：(021) 6288 0182
网站：www.louisvuittom.com

PASPALEY

电话：(852) 2369 6886
邮箱：enquiries@paspaley.com
网站：http://www.paspaley.com/

伯爵
PIAGET

电话：(021) 6288 1639
邮箱：piacnshp66@piaget.com
网站：http://www.piaget.com.cn/

蒂芙尼
TIFFANY & CO.

电话：(021) 6288 7208
网站：http://www.tiffany.cn/

梵克雅宝
VAN CLEEF AND ARPELS

电话：(021) 6195 9860
网站：www.vancleefarpels.com

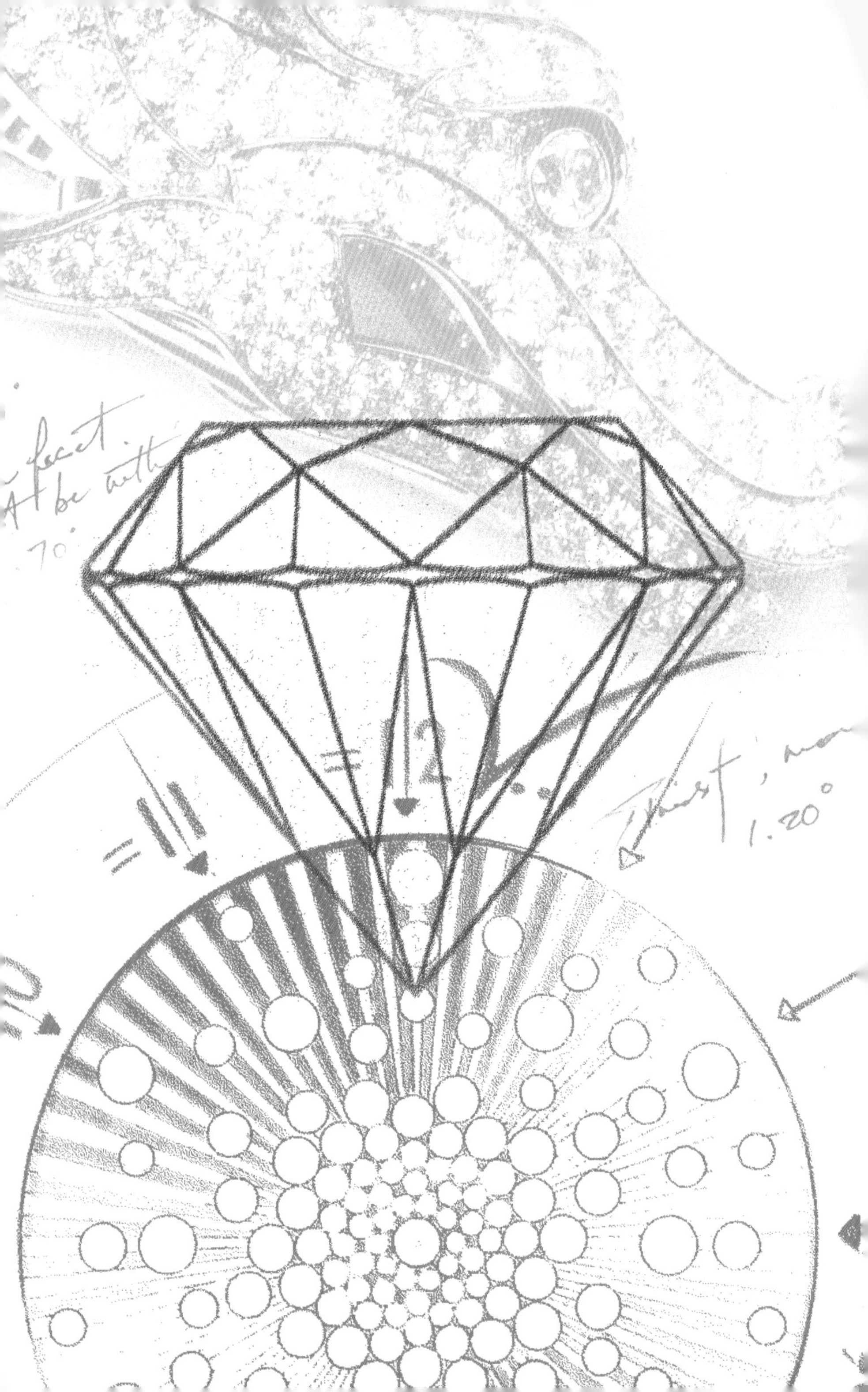
1.20°